智慧康养系列丛书

物联网基础与应用

主　编　徐素枚　许娜芬

副主编　陈恒岳　曾远征　刘开云　何文乐

电子工业出版社

Publishing House of Electronics Industry

北京·BEIJING

内 容 简 介

本书旨在让学生进一步了解计算机的基础知识，熟悉常用计算机软件的基本操作，了解常见物联网的相关知识，为主干课程的学习奠定理论知识基础。

本书共 8 章，每章主要分为 4 部分。第 1 部分是基础知识介绍；第 2 部分是项目资讯；第 3 部分是项目实施；第 4 部分是项目评价。本书层次性强，兼顾通识性知识和专业性技术，注重实用基础，内容丰富、覆盖面广、难易适度，能提升学生对计算机和物联网的认知能力及对物联网技术的理解能力，为进一步学习打下良好的基础，还能激发学生学习物联网应用技术的浓厚兴趣。

本书可以作为智慧康养专业、物联网专业的基础教材，也可以作为非物联网专业学习计算机和物联网相关基础知识的通用教材。

图书在版编目（CIP）数据

物联网基础与应用 / 徐素枚，许娜芬主编. -- 北京：
电子工业出版社，2024.12
ISBN 978-7-121-47124-7

Ⅰ. ①物… Ⅱ. ①徐… ②许… Ⅲ. ①物联网－应用
－中等专业学校－教材 Ⅳ. ①TP393.4②TP18

中国国家版本馆 CIP 数据核字(2024)第 020909 号

责任编辑：罗美娜
印　　刷：三河市君旺印务有限公司
装　　订：三河市君旺印务有限公司
出版发行：电子工业出版社
　　　　　北京市海淀区万寿路 173 信箱　　邮编：100036
开　　本：880×1230　　1/16　　印张：17　　字数：352 千字
版　　次：2024 年 12 月第 1 版
印　　次：2025 年 3 月第 2 次印刷
定　　价：48.00 元

凡所购买电子工业出版社图书有缺损问题，请向购买书店调换。若书店售缺，请与本社发行部联系，联系及邮购电话：(010) 88254888，88258888。

质量投诉请发邮件至 zlts@phei.com.cn，盗版侵权举报请发邮件至 dbqq@phei.com.cn。

本书咨询联系方式：(010) 88254617，luomn@phei.com.cn。

智慧康养系列丛书编委会

在科技飞速发展与人口老龄化趋势日益凸显的当下，智慧康养产业蓬勃兴起，相关专业人才需求持续增长。本书作为"智慧康养系列"丛书之一，围绕智慧康养、物联网等专业的课程要求与市场趋势精心策划而成。同时，充分考虑了未来就业市场的动态变化，确保教材内容的前瞻性和实用性。在编写过程中，我们积极与相关任课教师沟通交流，收集他们的宝贵意见和建议，确保教材既符合教学大纲的标准，又能满足学生的实际需求。

本书共 8 章，第 1 章主要介绍计算机的选购与组装；第 2 章主要介绍计算机办公技能；第 3 章主要介绍计算机操作系统和计算机安全的相关知识；第 4 章主要介绍 Internet 的应用；第 5 章主要介绍物联网的相关概念与组成结构；第 6 章主要介绍物联网条码、RFID 技术和传感器技术；第 7 章主要介绍物联网数据传输；第 8 章综合前面几章的知识，介绍物联网技术的综合应用。

每章主要分为 4 部分。第 1 部分是介绍基础知识、基本概念等，讲解了计算机和物联网的基础知识；第 2 部分是项目资讯，结合计算机和物联网方面的热点问题，融入思政元素内容；第 3 部分是项目实施，通过任务项驱动让学生进行知识应用，动手完成项目内容，帮助学生理解知识点；第 4 部分是项目评价，通过自评帮助学生了解自己在学习过程中的优点与不足，同时通过小组评价和教师评价让学生获得多维度的反馈，促进个人能力的成长。

中山市中等专业学校徐素枚老师负责本书的总体知识框架、任务分工、检查审核和第五章、第七章的编写，许娜芬老师负责第三章和第四章的编写，陈恒岳老师负责第一章和第二章的编写，刘开云老师和何文乐老师负责第六章的编写，曾远征老师负责第八章的编写。在本书的编写过程中，得到了广东唯康教育科技股份有限公司工程技术人员在教学设备的研发与制造方面的大力支持与配合，同时，也得到了有关专家、教授的审核与鉴定，在此一并表示衷心的感谢！

由于编者水平有限，书中难免存在疏漏和不足之处，恳请广大读者批评指正。

编者

CONTENTS

目　录

IX

物联网基础与应用

第 1 章
选购与组装计算机

 知识目标

（1）了解计算机的外部设备（鼠标、键盘、显示器）。

（2）熟悉计算机主机中各个部件（CPU、主板、显卡、内存条、硬盘等）的性能指标参数、主流品牌、型号及选购方法。

（3）能够根据需要制定选购计算机的方案。

 技能目标

（1）掌握选购计算机的方法。

（2）掌握组装计算机硬件系统的步骤及技巧。

1.1 认识与选购计算机硬件

1.1.1 计算机硬件的组成

一台完整的计算机主要由硬件系统和软件系统两大部分组成，两者相依相存、互不可分。硬件是计算机的核心与物理基础，而软件系统则是计算机的灵魂，能够让计算机拥有更高层次的逻辑运算和智能处理能力。

计算机硬件系统主要由主机和外部设备两大部分组成，如图 1-1-1 所示。

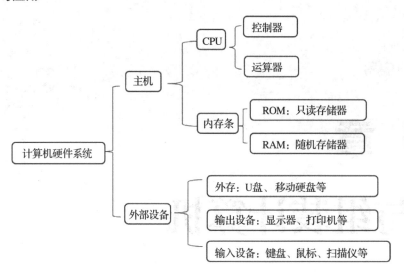

图 1-1-1　计算机硬件系统

1．主机

主机由 CPU、主板、内存条、硬盘、显卡、声卡、网卡、光驱、电源和机箱等部件组成。

2．外部设备

除主机以外的所有硬件统称为外部设备或外围设备，主要包括显示器、键盘、鼠标、音箱、摄像头、打印机、扫描仪及可移动存储设备等。

1.1.2　计算机主要硬件的介绍

计算机主要硬件如图 1-1-2 所示，下文将介绍几个主要硬件。

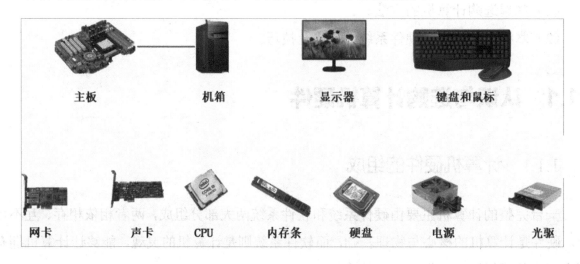

图 1-1-2　计算机主要硬件

1．CPU

CPU（中央处理器）作为计算机系统的运算和控制核心，是信息处理、程序运行的最终执行单元，如图 1-1-3 所示。CPU 自产生以来，在逻辑结构、运行效率及功能外延上取得了巨大发展。

图 1-1-3 CPU

CPU 是由运算器、控制器和高速缓存存储器组成的一块集成电路芯片，主要实现运算功能和控制功能。CPU 的性能大致反映了微型计算机的性能和档次。CPU 的主要性能指标如表 1-1-1 所示。

表 1-1-1 CPU 的主要性能指标

性能指标	参数介绍
主频	CPU 的时钟频率、工作频率，单位是 MHz。一般来说，一个时钟周期完成的指令数是固定的。主频越高，CPU 的运算速度越快。各种 CPU 的内部结构不尽相同，不能完全用主频来概括 CPU 的性能
外频	CPU 的基准频率，单位是 MHz。CPU 的外频决定了整块主板的运行速度
CPU 的位和字长	位：在数字电路和计算机技术中采用二进制数字，代码为"0"和"1"。 字长：CPU 在单位时间内能一次性处理的二进制数字的位数
缓存	CPU 的重要指标之一。缓存的结构和大小对 CPU 速度的影响非常大，CPU 内缓存的运行频率极高，一般和处理器同频运作，工作效率远远大于系统的内存和硬盘

2．主板

主板是微型计算机硬件系统的核心，是各种设备的连接载体，为所有硬件提供接口或插槽。主板如图 1-1-4 所示，上面安装了组成计算机的主要电路系统，一般有 BIOS 芯片、I/O 控制芯片、键盘、面板控制开关接口、指示灯插接件、扩充插槽、主板及插卡的直流电源供电接插件等元件。

（a）    （b）

图 1-1-4 主板

3. 内存条

存储器是用来存储程序和各种数据信息的记忆部件。存储器可分为内存、外存和高速缓存存储器。内存是与 CPU 直接交换信息的部件，分为只读存储器（ROM）和随机存储器（RAM）。外存主要有 U 盘、移动硬盘等。

高速缓冲存储器是存在于主存与 CPU 之间的一级存储器，由静态随机存储器（SRAM）组成，容量比较小但存取速度比主存高得多，接近 CPU 的存取速度。

内存条如图 1-1-5 所示。

4. 硬盘

硬盘是计算机最主要的存储设备，由一个或多个铝制或玻璃制的碟片组成。绝大多数硬盘都是固态硬盘，被永久性地密封固定在硬盘驱动器中。图 1-1-6 所示为机械硬盘。图 1-1-7 所示为固态硬盘。固态硬盘（SSD）具有如下优点。

（1）启动快，没有电机加速旋转的过程。

（2）不需要使用磁头，具有快速的随机读取速度和极低的读取延迟。

（3）无噪声。因为没有机械马达和风扇，所以固态硬盘工作时的噪声值为 0dB。

图 1-1-5　内存条　　　　　图 1-1-6　机械硬盘　　　　　图 1-1-7　固态硬盘

硬盘的主要技术指标如表 1-1-2 所示。

表 1-1-2　硬盘的主要技术指标

技术指标	指标介绍
容量	是硬盘最主要的参数。硬盘的容量以兆字节（MB）或吉字节（GB）为单位
数据传输速率	是指硬盘读写数据的速度，单位为兆字节每秒（MB/s）。硬盘的数据传输速率包括内部数据传输速率和外部数据传输速率
转速	是硬盘内电机主轴的旋转速度，也就是硬盘盘片在 1min 内所能完成的最大转数。硬盘的转速越快，寻找文件的速度也越快，数据传输速率也就得到了相应提高
访问时间	是指磁头从起始位置到达目标磁道位置，并且从目标磁道上找到要读写的数据扇区所需的时间。访问时间越短越好
高速缓存	是硬盘控制器上的一块内存芯片，具有极快的存取速度，是硬盘内部存储和外界接口之间的缓冲器。缓存的大小与速度是影响硬盘数据传输速率的重要因素，能够大幅度地提高硬盘的整体性能

1.1.3　计算机硬件的选购

1．CPU 的选购

目前主要有 Intel、AMD、VIA、全美达、IBM 这几个著名的 CPU 生产厂商，其中市场上又以 Intel 和 AMD 的 CPU 为主流。这两家公司在技术和价格等方面都各有优势，竞争非常激烈，在台式计算机、笔记本电脑市场上的占有率较高。图 1-1-8 所示为 AMD 和 Intel 酷睿 i7 的 Logo。

图 1-1-8　AMD 和 Intel 酷睿 i7 的 Logo

Intel 是世界上最大的半导体芯片制造厂商之一，成立于 1969 年，拥有几十年的生产历史。Intel 在推出全球第一个处理器之后，给人们的生活带来了重大的改变。

AMD（超微）的处理器性能强大、品种众多、技术升级和产品更新速度较快，具有很高的性价比。AMD 专门为计算机、通信和消费电子行业设计和制造各种创新的微处理器（CPU、GPU、主板芯片组、电视卡芯片等），以及提供闪存和低功率处理器解决方案，尤其是在浮点运算和图形处理方面的表现非常优异。

1）Intel 处理器的主要型号

- 入门级处理器 Celeron、Pentium 系列。
- 面向主流应用的智能处理器酷睿 i3、酷睿 i5 系列。
- 用于高端计算环境的酷睿 i7、酷睿 i9 系列。
- 面向服务器级运算平台的 Xeon 系列。
- 面向移动商务计算机应用领域的凌动 X、酷睿 M、酷睿 i 系列。

2）AMD 处理器的主要型号

- 应用于传统计算平台的"龙"系列处理器——闪龙、速龙、羿龙、皓龙。
- 面向主流应用的图形整合化桌面加速处理器 APU 系列。
- 面向高端娱乐应用的 FX 推土机/打桩机/压路机系列处理器。
- 面向高性能计算平台的新一代 Zen 架构处理器——锐龙、霄龙。
- 面向移动计算平台的 APU、FX 系列处理器等。

3）CPU 的选购方法

CPU 是计算机系统的核心，选择一款合适的 CPU 对计算机的整体性能至关重要。在选购 CPU 时，首先要明确用户需求，不同的用户对计算机的性能是有不同要求的。选购 CPU 推荐方案如表 1-1-3 所示。

表 1-1-3　选购 CPU 推荐方案

类　　别	推荐方案
第一类：文员办公、网课直播、家庭娱乐、轻度游戏	对计算机的性能要求不高，选择入门级别的 CPU
第二类：一般网游	入门游戏级 CPU 比较值得考虑，搭配入门级别的独立显卡
第三类：中端主流	用于家庭娱乐，一般设计渲染，大型 3D 游戏。因为高性能 CPU 的能力向下兼容，可以满足前两类用户的需求
第四类：高端旗舰（需要加装独立显卡）	适用于重度游戏玩家、项目多开、视频剪辑渲染，3D 建模，影视后期制作等，常需要搭配高端显卡

2．主板的选购

主板作为计算机的主体，若不慎重选择，则很难保证计算机的稳定运行。

1）主板的类型

ATX 结构主板：ATX 主板俗称"大板"，扩展性更好，整体性能优，耐压性和抗干扰性都比较强，用料充足，做工过硬，深受用户的喜爱，主要用于中高端机型。

Micro ATX 结构主板：Micro ATX（M-ATX）主板俗称"小板"，结构紧凑，尺寸较小，集成度高，价格相对便宜，被广泛用于各种品牌计算机和大众 DIY 装机。

Mini-ITX 结构主板：Mini-ITX（迷你型 ITX）是一种新型主板，简称 ITX，结构更加紧凑，优势是体积小巧和耗电量低，被大量应用于商业和工业类设备，如汽车、机顶盒与网络设备的内置微型主板。

2）主板的选购指南

在选购时，应从计算机的整体性能需求入手，充分考虑主板可支持的各种重要功能，如对 CPU 平台、芯片组、总线频率、内存、硬盘、光驱、独立显卡等的支持。

主板的主流品牌如表 1-1-4 所示。

表 1-1-4　主板的主流品牌

品　　牌	优　　点	品牌介绍
华硕（ASUS）	性能优秀，支持 PCIe 5.0，具有较高的传输速率	该品牌的厂商是当前全球第一大主板生产商、全球第三大显卡生产商，也是全球领先的 3C 解决方案提供商之一，致力于为个人和企业用户提供最具创新价值的产品及应用方案
微星（MSI）	外观精美，散热效果好	中国台湾地区的品牌，其厂商是专业的游戏笔记本和内容创造笔记本厂商，致力于为全球游戏玩家与创作者提供所需的装备和科技

续表

品　牌	优　点	品牌介绍
ROG（Republic of Gamers）	做工细致，外观精致，性能好	高端主板品牌。ROG 是为超频狂人和游戏狂热者们创建的品牌，以满足发烧友对极致性能和极致外观的需求
七彩虹（Colorful）	性能好，外观精美，兼容性好	国内著名的 DIY 硬件厂商，成立于 1995 年。七彩虹显卡已经成为市场上著名的显卡品牌之一
技嘉（GIGABYTE）	用料较足，品质较好，稳定性强	创立于 1986 年，是台湾的计算机硬件生产商之一，经营范围涵盖家用、商用、电竞、云端等科技领域

3）主板的选购方案参考

根据不同用户需求，选购主板可参考表 1-1-5。

表 1-1-5　选购主板参考表

用户群体	选购建议
家庭用户	以普惠实用为原则，选择做工优良、价格适中的主板，在预算范围内，尽量选择扩展性相对较好的主板
商务办公用户	注重主板的综合性能，如运行效率、稳定性、安全性及集成功能
影视制作师、设计师和游戏玩家	对图形图像的可视化效果、视频和音频输出的流畅性、视觉特效的粒度化呈现等方面要求较高的用户，以及对主板要求较高的游戏玩家，可以选择专业性的主板，同时要搭配高性能的处理器和独立显卡

3．内存的选购

1）关于内存的性能指标

内存的性能指标包括存储速度、内存容量、内存主频、CAS 延迟时间、内存带宽等。

存储速度：用存取一次数据的时间表示，单位为纳秒，记为 ns，1 秒=10 亿纳秒。存储速度值越小，表明存取的时间越短、速度越快。

内存容量：内存存储信息的总量，是内存的关键参数之一。内存容量越大，系统运行速度越快。

内存主频：内存芯片的最高工作频率，以 MHz 为单位。

内存带宽：内存数据的传输速率，一般以 Gbit/s 为单位。内存带宽计算公式：内存带宽＝内存最大主频×内存总线宽度/8。

工作电压：内存在正常工作时所用的电压，如 DDR 内存的工作电压为 2.5V，DDR2 内存的工作电压为 1.8V，DDR3 内存的工作电压为 1.5V。一般，主板内存插槽的给定电压不要超过内存的工作电压。

2）关于内存的选购

选购内存可参考表 1-1-6。

表 1-1-6　选购内存参考表

内存选购	推荐方案
内存的品牌	较为知名内存品牌有金士顿、三星、威刚、宇瞻、海盗船、金邦、芝奇等。金士顿属于大众化品牌，市场占有率最高。高端机建议考虑海盗船、芝奇等品牌；如果注重性价比，则可以考虑威刚、英睿达、影驰等品牌
内存的容量	一般为 4G、8G、16G 的单条，如果用户想要更大的内存，则可以购买多条同品牌、同型号的内存进行组装。一般，常见的主板都是 2 条、4 条的内存插槽
内存的代数	指的是内存名称中的"DDR2""DDR3""DDR4"等，现在主流机型是 DDR4 内存。在挑选内存时，可以参考主板或处理器支持的内存情况而定
内存的频率	DDR4 内存从 2133MHz 到 3600MHz 不等，不少高端内存甚至具有更高的内存频率。在相同代数和容量的情况下，内存的频率越高，性能也越好。内存的频率越高，价格也越高

4．硬盘的选购

1）选购机械硬盘的参考品牌

希捷硬盘：希捷科技公司是硬盘和磁盘产业的佼佼者，实力非常雄厚，一直为世界各大品牌计算机和服务器制造商提供硬盘设备。在中高端的台式机硬盘、企业级 SCSI 硬盘、混合硬盘及消费型存储产品等市场上占据着相当重要的地位。

日立硬盘：日立以生产笔记本硬盘和台式机硬盘见长，核心产品线有台式机硬盘系列、服务器级硬盘系列及笔记本硬盘系列等。

西数硬盘：西部数据公司（Western Digital Corp，WDC）简称西数，是全球第二大硬盘生产商，在台式机和笔记本硬盘及消费级存储市场拥有良好的口碑。西数硬盘以质量过硬、性价比高、低温节能著称。

东芝硬盘：东芝专注于开发笔记本电脑和消费型电子存储产品的硬盘，在小尺寸硬盘市场已耕耘多年，加上并入富士通的硬盘业务，东芝在移动存储市场的应用非常广泛，具有很强的行业领导实力。

2）选购固态硬盘的参考品牌

固态硬盘的厂商有数十家，其中市场占有率相对较高的有希捷、影驰、Intel、金士顿、英睿达、威刚、三星（Samsung）等。

3）选购硬盘的建议

原则：根据用户需求，把钱花在刀刃上，注重性价比。选购硬盘可参考表 1-1-7。

表 1-1-7　选购硬盘参考表

用户类型	推荐方案
普通家庭/学生用户	选择经济适用型硬盘，容量选择 500GB～2TB 即可满足用户需求

续表

用户类型	推荐方案
商务办公用户	相较于普通用户，商务办公用户对硬盘的要求要高一些，容量建议选择 1TB 以上，以固态硬盘为佳
影视制作师、设计师和游戏玩家	这类用户对硬盘的要求比较高，需要性能和稳定性相对较高的产品。一般建议选择希捷的 BarracudA、西数的蓝盘与黑盘系列、日立的主流硬盘，建议选择固态硬盘或混合型硬盘

5．显卡的选购

显卡的全称是显示接口卡，又被称为显示适配器，主要功能是为显示器提供经过转换和驱动的行扫描信号。

1）显卡的组成

显卡主要由印制电路板、显示控制芯片、显示内存（简称"显存"）、显卡输出端口等主要部件组成。其中，显卡输出端口包括 VGA 端口、DVI 端口、HDMI 端口等。

2）显卡的主要性能指标

显示控制芯片：主流的显示芯片有 AMD-ATi 和 NVIDIA 两大品牌。

显存类型：显存是显卡的关键部件之一。显存的质量越好、技术越先进，性能表现也越优异。

显存容量：决定了显卡对图形渲染数据的存储能力，大容量的显存能更好地帮助显卡发挥出其性能。主流显存容量为 2GB、4GB，一些顶级显卡配备了 6GB 以上的显存。

3）显卡的分类

显卡主要分为集成显卡和独立显卡。

集成显卡是指主要部件被嵌入在主板上的显卡。集成显卡的优点是功耗低、发热量小，部分集成显卡的性能已经可以媲美入门级的独立显卡，所以不用花费额外的资金购买。由于集成显卡没有独立显存，因此在工作时需要占用大量内存，这对计算机系统的整体性能有影响。

独立显卡是指显示芯片、显存及相关电路单独做在一块电路板上的显卡，是一种用于图形加载加速的专用扩展卡，需要占用主板的扩展插槽（ISA、PCI、AGP 或 PCI-E）。独立显卡不需要占用内存，比集成显卡具有更好的运算性能和显示效果，硬件升级比较方便，但是功耗和发热量较大，而好的显卡售价也不菲。

4）显卡的品牌

市场上显卡的品牌相当多，知名度较高的有七彩虹、昂达、影驰、丽台、讯景、耕升、盈通、翔升、蓝宝石、微星、索泰、迪兰等。

9

5）选购显卡的建议

一般家庭机或学生机，选择中低端产品，集成显卡就可以满足需求。

影视制作、图形处理、游戏玩家等用户，对显卡的性能要求更高，对色彩还原的准确度、画面的锐利效果、2D/3D 加速性能与画质呈现水平等方面有更高的要求，需要选择比较高端的或专业型游戏显卡，能配备独立显卡更好。显卡如图 1-1-9 所示。

（a）带风扇的显卡　　　　　　　　（b）不带风扇的显卡

图 1-1-9　显卡

6．计算机外部设备的选购

1）显示器的选购

显示器有 CRT 显示器和 LCD 显示器，如图 1-1-10 所示。目前主要考虑选购 LCD 显示器。

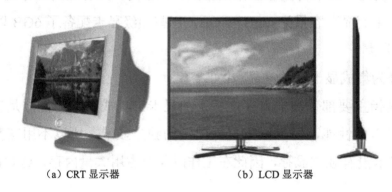

（a）CRT 显示器　　　　　　　　（b）LCD 显示器

图 1-1-10　显示器

在购买时，要考虑显示器的尺寸，常见的尺寸有 19in、20in、21in、22in、22in 等；还要考虑屏幕分辨率，主流 LCD 显示器的最佳分辨率通常为 1920px×1200px 及以上。尺寸越大的显示器具有更大的屏幕分辨率，画面显示更细腻，成像效果也更佳。

显示器的主流品牌有三星、LG、飞利浦（PHILIPS）、戴尔（DELL）、惠普（HP）等。它们在质量、工艺、面板材料、外形和功能设计等方面都比较科学与人性化，产品时尚新颖，经久耐用，售后质保服务也更加让人放心。

2）机箱

在选择机箱时，应主要考虑机箱的外观、性能的评价标准、价格和售后服务。机箱如图 1-1-11 所示。

3）键盘

由于经常需要敲打键盘上的键，因此键盘的手感是非常重要的。键盘的手感主要是指用户所感受到的键盘上各个键的弹性。在购买键盘时，应多敲打几下，以自己感觉为准；注意键盘的背后，查看是否有厂商的名称和质量检验合格标签等，以确保质量；一般应选购至少有 104 个键的键盘。键盘如图 1-1-12 所示。

4）鼠标

在购买鼠标时，应注意其塑料外壳的外观与形态，据此可大体判断出制作工艺的好坏。鼠标器的外形曲线要符合手掌弧度，手持时感觉要柔和、舒适；在桌面上移动时要轻快；橡胶球的滚动要灵活、流畅；按键反应要灵敏、有弹性；连接导线要柔软。建议优先选用光电 USB 接口的鼠标。图 1-1-13 所示为有线鼠标。图 1-1-14 所示为无线鼠标。

图 1-1-11　机箱

图 1-1-12　键盘

图 1-1-13　有线鼠标

图 1-1-14　无线鼠标

项目 1　为健康养护班级配置计算机硬件系统

项目资讯单

学习任务名称	为健康养护班级配置计算机硬件系统	学时	1
搜集资讯的方式	资料查询、现场考察、网上搜索		

聊聊计算机的发展史——人类智慧开创了计算机文明时代

第一代：电子管计算机（1946—1958 年）

第一台计算机诞生于美国宾夕法尼亚大学，被命名为"ENIAC"，是美国的莫克利（John W.Mauchly）和艾克特（Presper J.Eckert）发明的。它由 18 000 多个电子管组成，体重达 30 多吨，占地有二三间教室那么大，是一台又大又笨重的机器。它的诞生具有划时代的意义，对人类历史的发展产生了极其深远的影响。

第二代：晶体管计算机（1958—1964 年）

晶体管计算机主要被应用于科学计算和事务处理领域，并开始进入工业控制领域。相较于第一代计算机。它的特

11

点是体积缩小了、能耗降低了、可靠性提高了、运算速度提高了。

第三代：集成电路计算机（1964—1970 年）

集成电路计算机的逻辑原件采用中小规模集成电路，特点是速度更快了，可靠性显著提高了，价格进一步下降了，产品走向了通用化。它的诞生标志着计算机开始进入文字处理和图形图像处理领域。

第四代：大规模集成电路计算机（1970 年至今）

大规模集成电路计算机的逻辑元件采用大规模和超大规模集成电路。它的特点是体积小，运算速度快，系统稳定性高，发热量小，维护方便。1971 年，世界上第一台微处理器在美国硅谷诞生，开创了微型计算机的新时代。

推动计算机高速发展的重要人物是冯·诺依曼。

目前计算机的发展趋势是四个化：巨型化、微型化、网络化和智能化。

巨型化：意味着计算机的运行速度提高，存储容量增大，功能增强。这类计算机主要被用于航空航天、军事、气象、人工智能（AI）、生物工程等领域。

微型化：微型计算机已经进入家电产品等小型仪器设备中，同时作为工业控制过程的心脏，使仪器设备"智能化"。随着微电子技术的进一步发展，笔记本电脑、PDA 等微型计算机必将以更优的性价比受到人们的欢迎。

网络化：随着计算机应用的发展，计算机网络在现代企业的管理中发挥着越来越重要的作用，如银行系统、商业系统、交通运输系统等。

计算机网络通过通信设备和传输介质将分布在不同地理位置上的、具有独立功能的计算机相互连接，在通信软件的支持下，网络内的计算机之间实现资源共享、信息交换和协同工作。计算机网络的发展水平已经成为衡量国家现代化程度的重要指标，在社会经济发展中起着极其重要的作用。

智能化：计算机 AI 的研究以现代科学为基础。智能化是计算机发展的重要方向，新一代计算机模拟人的感觉、行为和思维过程机制，进行"看""听""说""做""想"，以及逻辑推理、学习和证明，能够理解自然语言、声音、文字、图像，能够与人类用自然语言进行对话，能够利用现有的知识不断地学习，能够进行思考、联想、推理、得出结论，具有解决复杂问题、收集记忆、检索相关知识的能力。

计算机各硬件技术指标

图 1-1-15 所示为计算机各硬件技术指标。

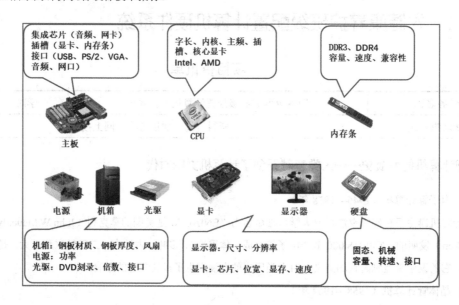

图 1-1-15 计算机各硬件技术指标

学生资讯补充：

对学生的要求	1．了解 CPU、主板、内存、硬盘、显卡的基本组成结构；
	2．掌握 CPU、主板、内存、硬盘、显卡的主要的性能参数；
	3．掌握目前主流的 CPU、主板、内存、硬盘、显卡的品牌和型号

 项目实施单

学习任务名称	为健康养护班级配置计算机硬件系统	学时	2
序号	实施的具体步骤	注意事项	自评
1	明确任务		
2	分组讨论、知识梳理		
3	查询资料、选购配件		
4	列出配置清单并说明配置方案的特点		

任务　配置健康养护班级计算机硬件系统

1．实训要求

按照目前市场行情，到计算机商城或网络商店上获取配件信息，配置一台健康养护专业学生用的计算机，价格控制在 5000 元以内。除了要满足一般的日常办公、上网冲浪，还要运行 Photoshop、Dreamweaver、3ds Max 等大型设计软件，要求用 LCD 显示器。

2．需求分析

根据用户需求，需要做一些图片处理和 3D 建模，所以对显卡的性能要求要高一些，在选购计算机时要重点考虑显卡的性能。

明确以下 3 个问题。

（1）计算机的主要用途是什么？例如，上网、处理文档、做图形设计、3D 建模等。

（2）购买预算是多少？5000 元以内。

（3）资金重点投在什么地方？是购买高性能 CPU 来提高计算机的运算能力，还是购买高性能显卡来满足玩游戏、做图形设计的需求，还是购买高性能主板，为以后升级留下更多空间？

3．实施步骤

（1）上网查找各配件的产品性能和价格，确定大致方向。

（2）到计算机商城实地考察，货比三家，根据实际情况调整配置。

（3）填写配置单（见表 1-1-8）。

表 1-1-8 组装计算机的配置单

硬件名称	型　号	价　格	性能特点
CPU			
主板			
内存			
硬盘			
显卡			
显示器			
机箱			
键盘			
鼠标			
电源			

配置理由：
_____
_____
_____
_____

4．分组讨论

分组讨论说明为什么这么配置，有什么特色，每个小组选出代表在课堂上进行讲解，小组内其他同学进行补充。

实施评价	班别:		第　　组	组长签名:
	教师签字:		日期:	
	评语:			

项目评价单

学习任务名称		为健康养护班级配置计算机硬件系统			
序号	评价项目	评价子项目	学生/小组自评	组长/组间互评	教师评价
1	项目资讯（20分）	资讯效果			
2	项目实施（60分）	根据用户需求确定 CPU 的配置方案			
3		根据用户需求确定主板的配置方案			
4		根据用户需求确定硬盘的配置方案			
5		根据用户需求确定内存的配置方案			
6		根据用户需求确定显卡的配置方案			
7	知识测评（20分）				
	总分				

知识测评

选择题（每题 2 分，共 20 分）

1. 世界上第一台计算机的英文缩写名为（　　），是 1946 年在美国研制成功的。

　　A．MARK-II　　　　B．ENIAC　　　　　C．EDSAC　　　　　D．EDVAC

2. CPU 主要技术性能指标有（　　）。

　　A．字长、主频　　B．可靠性和精度　　C．耗电量和效率　　D．冷却效率

3. 评定主板的性能首先要看（　　）。

　　A．CPU　　　　　B．主芯片组　　　　C．主板结构　　　　D．内存

4. 电源一般安装在立式机箱的（　　），在放入电源时不要放反。

　　A．底部　　　　　B．中部　　　　　　C．顶部　　　　　　D．以上都不对

5. 如果一台计算机的声卡不能正常发声，最常见的故障原因之一是（　　）。

　　A．声卡设备安装不正确　　　　　　　B．驱动程序安装不正确或被破坏

　　C．设备未加电　　　　　　　　　　　D．设备与主机通信不正确

6. 下面属于声卡品牌的是（　　）。

　　A．Intel　　　　　B．EPSON　　　　　C．希捷　　　　　　D．创新

7. 在计算机开机时，Award BIOS 发出不断的长响报警声，原因是（　　）。

　　A．电源、显示器异常　　　　　　　　B．显卡异常

　　C．键盘异常　　　　　　　　　　　　D．内存未插紧或损坏

8. 完整的计算机硬件系统由（　　）组成。

    A. 运算器、控制器、存储器、输入设备和输出设备

    B. 主机和外部设备

    C. 硬件系统和软件系统

    D. 主机箱、显示器、键盘、鼠标和打印机

9. 对微型计算机来说，（　　）的工作速度基本上决定了计算机的运算速度。

    A. 控制器　　　　　　B. 运算器　　　　　　C. CPU　　　　　　D. 存储器

10. 在下列说法中，正确的是（　　）。

    A. 计算机容量越大，功能就越强

    B. 两个屏幕大小相同，分辨率必定相同

    C. 在微型计算机性能中，CPU 的主频越高，其运算速度越快

    D. 以上都对

1.2 组装计算机硬件系统与检测故障

前文介绍了计算机主要硬件配件的结构、用途、性能参数及选购方法，本节主要介绍如何动手组装一台计算机硬件系统。

1.2.1 在组装计算机硬件系统前所需的准备工作

1. 环境的准备

准备一张工作台，稍大一点、结实的桌子即可，桌面最好铺上桌布或硬纸板，保持桌面整洁，并清理无关的物品。

2. 工具的准备

在组装时，工具要准备齐全，常用的工具有螺丝刀、尖嘴钳、镊子、毛刷、导热硅胶、电源排插、扎带或环形橡皮筋、小器皿、清洁剂等。

3. 计算机硬件系统配件的准备

将组装计算机硬件系统所用的配件、线、螺钉、说明书摆放在工作台上，不要重叠堆放，并检查有无缺漏。

4. 注意事项

在组装过程中，要遵守操作规程，并注意：①避免带电操作；②严禁暴力拆装配件；③需要释放静电；④严防液体和异物进入机箱；⑤确保安装固定到位；⑥拔下插头时要小心；⑦注意安装方向。

1.2.2　组装计算机硬件系统的一般步骤

只有明确安装步骤，才可以提高操作效率，组装步骤并非一成不变的，可以根据个人习惯和实际情况做适当调整。常见的组装步骤如下。

第 1 步：安装 CPU 和风扇。

第 2 步：将内存条安装到主板上。

第 3 步：将主板固定到机箱上。

第 4 步：将硬盘安装到主板上。

第 5 步：将显卡、声卡等板卡安装到主板上。

第 6 步：将电源安装到机箱上。

第 7 步：整理主机箱内各种连接线，盖上主机盖。

第 8 步：连接显示器、键盘、鼠标等外部设备。

第 9 步：测试计算机硬件系统在通电和开机过程中能否正常运行。

1.2.3　组装计算机硬件系统

在把主板装入机箱之前，应先把 CPU 及内存条安装上，因为在安装这两种部件时，要适当用力向下压，在机箱外面安装比较方便。

1．安装 CPU

（1）在主板上找到 CPU 的插座，可以看到保护插座的一块座盖，向外向上用力拉开锁杆（见图 1-2-1），打开座盖（见图 1-2-2），使其与底座成 90°。将 CPU 的两个缺口对准插座中的相应位置。

图 1-2-1　拉开锁杆　　　　　　　　　　　图 1-2-2　打开座盖

（2）稍微用力压 CPU 的对角，使其安装到位，压下锁杆，听到"咔"的一声即可，如图 1-2-3 所示。

（3）在 CPU 上涂上导热硅胶，涂上一层即可（见图 1-2-4），作用是使 CPU 和散热器能够良好接触，CPU 能够稳定工作。

图 1-2-3　安装 CPU　　　　　　　　　　　　图 1-2-4　涂上导热硅胶

2．安装风扇

首先，将风扇轻轻放在 CPU 上，4 个固定脚对准主板上的 4 个对应的插孔，如图 1-2-5 所示。然后，稍微用力压固定脚，CPU 风扇即可完全固定。最后，连接风扇的电源线，如图 1-2-6 所示。

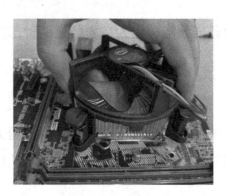 

图 1-2-5　安装风扇　　　　　　　　　　　　图 1-2-6　连接风扇的电源线

3．安装内存条

将内存条插槽两侧保险栓向外侧扳动，使内存条能够插入，将内存条引脚上的缺口对准内存插槽中的凸起位置，或者按照内存条金手指边上的标识编号 1 的位置对准内存插槽中标示编号 1 的位置，稍微用点儿力，垂直地将内存条插到内存插槽中并压紧，如图 1-2-7 所示。

4．安装主板

（1）在机箱的底部有许多固定孔，相应地，在主板上通常也有 5～7 个固定孔，如图 1-2-8 所示。

（2）确定了主板的固定孔的位置后，采用对角固定的方式安装螺钉，不要一次性地将螺钉拧紧，而是将主板固定到位后，再拧紧各个螺钉，如图 1-2-9 所示。

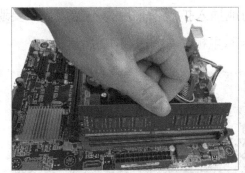

图 1-2-7　安装内存条

图 1-2-8　主板上的固定孔

图 1-2-9　固定主板

（3）依次将硬盘灯（H.D.D LED）、电源灯（POWER LED）、复位开关（PESET SW）、电源开关（POWER SW）和蜂鸣器（SPEAKER）前置面板线插入主板相应接口，如图 1-2-10 和图 1-2-11 所示。

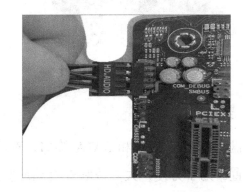

图 1-2-10　前置面板线　　　　　　　　　　　图 1-2-11　插入主板相应接口

5. 安装显卡

在安装显卡之前，先将机箱后面的挡片取下。取下挡片后，将显卡垂直地插入扩展槽。在插入过程中，要注意将显卡的插脚同时、均匀地插入扩展槽，用力不能太大，要避免单边插入后，再插入另一边，这样很容易损坏显卡和主板，如图 1-2-12 所示。

图 1-2-12　安装显卡

6. 安装电源

将电源盒放在电源固定架上，使电源盒的螺钉孔和机箱上的螺钉孔相对应，拧上螺钉（在机箱背面可以看到电源盒的插口）。将主板电源插头插入主板的电源接口，如图 1-2-13 和图 1-2-14 所示。注意，主板电源插头上的弹性塑料片应和电源接口的突起相对应。

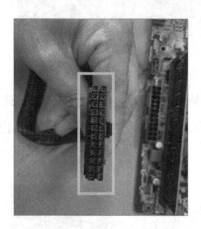

图 1-2-13　电源插头　　　　　　　　　　　　图 1-2-14　主板的电源接口

7. 安装硬盘

硬盘上有 IDE 接口和 SATA 接口，在将 IDE 接口安装到硬盘上时，要选择好硬盘的安装位置。为了方便，大多数卧式机箱应竖直安装，立式机箱应水平安装，在安装时一定要轻拿轻放。连接硬盘与主板之间的数据线如图 1-2-15 所示。至此，一台计算机的主机组装完成，效果如图 1-2-16 所示。

图 1-2-15   连接硬盘与主板之间的数据线   图 1-2-16   组装好的主机内部

8. 连接外部设备

在主机组装完成后，需要把显示器、键盘、鼠标、电源插座等外部设备与主机连接起来。

（1）连接显示器：连接显示器与主机的数据线，注意针脚要对准，安装好后固定插头两旁的螺栓，如图 1-2-17 所示。

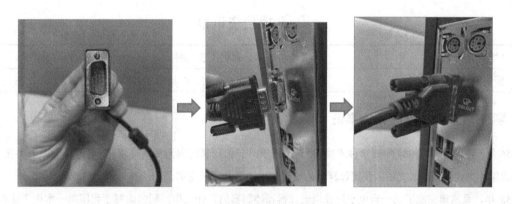

图 1-2-17   连接显示器与主机的数据线

（2）将键盘的 PS/2 接口连接到主机后置面板上的紫色接口上，如图 1-2-18 所示。

（3）将鼠标的 PS/2 接口连接到主机后置面板上的绿色接口上，方法同连接键盘接口。

备注：有些键盘和鼠标是 USB 接口的，直接插到主机后置面板上的 USB 接口上即可。

（4）连接电源插座，连接时请注意插头的正反面，如图 1-2-19 所示。

图 1-2-18   连接键盘接口   图 1-2-19   连接电源插座

21

至此，计算机硬件系统就组装完成了，如图 1-2-20 所示。

图 1-2-20　组装完成的计算机硬件系统

项目 2　拆装与测试计算机主要部件

 项目资讯单

学习任务名称	拆装与测试计算机主要部件	学时	1
搜集资讯的方式	资料查询、现场考察、网上搜索		

聊聊我国计算机的发展大事记

1956 年，在《1956—1967 年科学技术发展远景规划》中，把计算机列为发展科学技术的重点之一，并在 1957 年筹建我国第一个计算技术研究所。我国计算机的发展史也经历了四代变革。

1958 年，夏培肃完成了第一台电子计算机运算器和控制器的设计工作，同时编写了我国第一本电子计算机原理讲义。

1959 年 9 月，我国第一台大型电子管计算机 104 机研制成功。

1965 年 6 月，我国自行设计的第一台晶体管大型计算机 109 乙机在中国科学院计算技术研究所诞生，字长为 32 位，运算速度为 10 万次每秒，内存容量为双体 24 字节。

1985 年 6 月，第一台具有字符发生器的汉字显示能力、完整中文信息处理能力的国产微型计算机——长城0520CH 开发成功。由此，我国微型计算机产业进入了一个飞速发展、空前繁荣的时期。

1987 年，第一台国产 286 微型计算机——长城 286 正式推出。

1988 年，第一台国产 386 微型计算机——长城 386 推出，我国发现首例计算机病毒。

1990 年，我国首台高智能计算机——EST/IS4260 智能工作站诞生，长城 486 计算机问世。

1996 年 1 月，巨龙公司自主研制成功我国第一台综合业务数字网交换机 HJD04-ISDN。

2001 年 7 月 10 日，中芯微系统公司宣布研制成功第一块 32 位 CPU 芯片"方舟-1"，主频为 200MHz。

2001 年 7 月 12 日，中国移动通信集团宣布在全国 25 个城市开通 GPRS 业务。此举标志着我国无线通信进入 2.5G 时代。

2002 年 8 月 10 日，我国成功制造出首枚高性能通用 CPU——龙芯一号。此后，龙芯二号问世，龙芯三号处于紧张的研制中。龙芯的诞生，结束了我国近二十年无"芯"的历史。

推动我国计算机发展的代表人物有华罗庚、闵乃大、夏培肃和王传英。1952 年，他们在中国科学院数学研究所内建立了我国第一个电子计算机科研小组。

听一听，猜一猜

组装一台计算机固然很重要，但在使用计算机过程中因出现了一些硬件故障而需要拆装时，这项技能更为实用。本项目要求同学们熟悉每个硬件设备和连接线缆，仔细观察硬件设备的外观特点、安装位置和接口形状，拆装主机的主要部件：内存条、CPU、硬盘、电源等。

计算机主机有异响怎么办？计算机可能发出声音的部件如下。

1. 如果异响来自风扇，则有以下几种情况

（1）风扇老化引起的噪声。只需先将风扇取出来，然后把风扇叶取下来，在风扇轴承处添加润滑油即可。例如，变压器油或缝纫机油。

（2）风扇转速过快。这种现象在笔记本电脑中通常是因为温度太高引起的，我们可以把散热器拆下来，更换处理器、显卡的散热硅脂。少部分计算机的温控电路坏了也会造成风扇转速过快的现象，这种问题只有专业的维修师傅才能解决。

（3）风扇灰尘太多造成风扇声音大。将风扇拆开，把风扇上的灰尘、油烟等清理干净即可，或者在风扇轴承处添加润滑油。

2. 硬盘读盘声音

当发现硬盘的读盘声音变成"嘎嘎嘎"或"嘎吱嘎吱"时，可能是硬盘出现了一些问题。此时，需要更换硬盘，因为维修硬盘的价格往往高于购买新硬盘的价格，通常维修硬盘维修的是其中的数据而不是硬盘，所以如果感觉硬盘读盘声音不对，就要注意备份数据，以防不测。

3. 主板报错的声音

在计算机开机后，主板上的 BIOS 程序会进行自检，如果出现硬件问题，就会发出报警声，我们可以根据报警声的长短和频率初步判断出问题的部件。

（1）报警声 1 短（一声短暂的声音）：系统正常启动，计算机没有任何问题。

（2）报警声 2 短：常规错误，重新设置 BIOS 中不正确的选项。

（3）报警声 1 长 1 短（一声长长的声音和一声短音）：RAM 或主板出错。换一个内存条试试，若还是不行，则只能更换主板。

（4）报警声 1 长 2 短：显示器或显卡错误。

（5）报警声 1 长 3 短：键盘控制器错误，检查主板。

（6）报警声不断地响（长声）：内存条未插紧或被破坏。重新插入内存条，若还是不行，则只能更换内存条。

（7）报警声重复短响：电源有问题。

学生资讯补充：

对学生的要求	1. 了解组装计算机前所需的准备工作； 2. 了解组装一台计算机需要用到的配件或设备； 3. 掌握计算机部件的拆卸方法； 4. 掌握计算机各个部件的具体安装方法
参考资料	拆机、装机视频

项目实施单

学习任务名称	拆装与测试计算机主要部件		学时	1
序号	实施的具体步骤	注意事项	自评	
1	观察计算机的硬件构成			
2	拆卸计算机主要部件			
3	组装计算机主要部件			
4	测试计算机硬件系统			

任务1 观察计算机的硬件构成

实物展示：观察计算机的主机配件和外设。仔细观察硬件外观特点、注意接口和安装位置，并记录。

任务2 拆卸计算机主要部件

1. 关机

拔掉所有连接主机的线缆，拧开主机后置面板上的螺钉，打开主机后盖。

2. 拆卸内存条

在拔出内存条之前，需要先将内存条的卡锁抠开，然后拔出内存条。

3. 拆卸硬盘

先拔掉硬盘的接口，然后将固定硬盘的螺钉拧开，最后取出硬盘。

4. 拆卸显卡

先将固定显卡的卡锁拔掉，然后拧开固定显卡的螺钉，最后拔出显卡。

5. 拆卸CPU

先拆卸风扇再拆卸CPU，拧开固定风扇的螺钉，看到CPU后，拧开固定CPU的螺钉，取出CPU。

6. 拆卸主板

因为计算机主板是用来承接上面所有硬件的，所以是最后拆卸的，拧开固定主板的螺钉，即可将主板从机箱里取出。

任务3 组装计算机主要部件

（1）将图1-2-21上标出的位置连上部件，填入表1-2-1。

选项包括CPU、硬盘接口、电源线连接口、显卡插槽、内存插槽、高清接口、音频接口。

图1-2-21 主板插槽、接口标识

24

表 1-2-1

序　　号	部 件 名
①	
②	
③	
④	
⑤	
⑥	
⑦	

（2）参考 1.2.3 节内容，完成 CPU、硬盘、内存条的组装，以及连接外部设备的操作。

任务 4　测试计算机硬件系统

1．通电测试

在通电前要做好如下检查。

（1）检查 CPU、风扇、电源是否接好。

（2）检查内存的安装是否到位。

（3）检查所有电源线、数据线和信号线是否连接好。

（4）检查是否有螺钉或其他金属杂物遗落在主板上，这一点非常重要，否则容易因为遗留的金属物而导致主板被烧毁。

检查完成后，接通电源，检测主机、显示器、键盘的通电情况。

2．开机测试

电源灯正常亮起，会听到"嘀"的一声，观察开机画面是否显示主板厂商或 BIOS 厂商的 Logo 标识，观察是否出现 CPU、内存、硬盘、系统总线等主要部件的具体型号和配置参数等信息。

如果出现报警的情况，则检查内存、显卡或其他设备是否安装牢固，连接是否到位。正常启动后的 BIOS 界面如图 1-2-22～图 1-2-26 所示。

图 1-2-22　BIOS 主界面

25

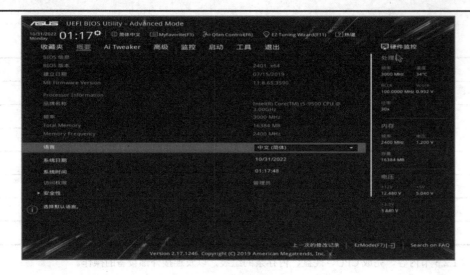

图 1-2-23　概要界面

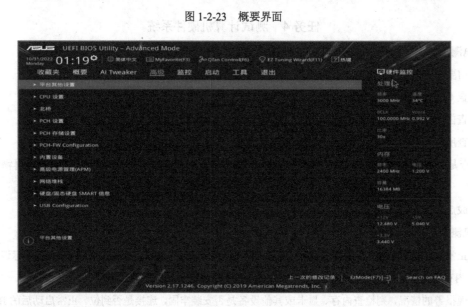

图 1-2-24　高级界面

图 1-2-25　启动界面

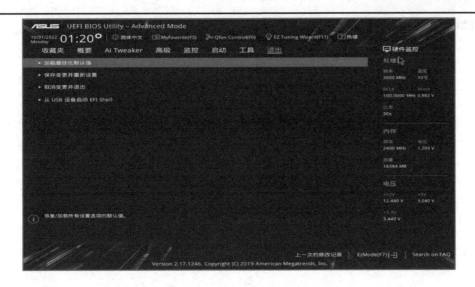

图 1-2-26　退出界面

实施评价	班别：			第　　　组		组长签名：
	教师签字：			日期：		
	评语：					

项目评价单

学习任务名称		拆装与测试计算机主要部件			
序号	评价项目	评价子项目	学生/小组自评	组长/组间互评	教师评价
1	项目资讯（20 分）	资讯效果			
2	项目实施（60 分）	观察计算机的硬件构成			
3		拆卸计算机主要部件			
4		组装计算机主要部件			
5		测试计算机硬件系统			
6	知识测评（20 分）				
	总分				

知识测评

问答题（每题 5 分，共 20 分）

　1. 在组装计算机前，应该做哪些准备工作？

2. 简述组装计算机的基本步骤。

3. 为什么要先安装 CPU 和内存条，再安装主板？

4. 测试计算机硬件系统的注意事项有哪些？

评价	班别：		第　　组	组长签名：
	教师签字：		日期：	
	评语：			

第 2 章

计算机办公技能实战

 知识目标

（1）定制个性化的桌面工作环境。

（2）学会创建和搜索文件与文件夹。

（3）掌握安装打印机、打印与设置文件的方法。

（4）掌握计算机碎片化管理。

（5）学会在 Word 2016 中录入信息。

（6）掌握在 Word 2016 中制作与美化表格。

（7）学会 Excel 2016 中常用函数的使用方法。

（8）掌握在 PowerPoint 2016 中新建、复制、删除幻灯片。

（9）掌握在 PowerPoint 2016 中设置动画和幻灯片切换方式。

 技能目标

（1）熟练掌握管理计算机资源的技能。

（2）熟练运用 Word 2016 制作精美的简历。

（3）能够使用 Excel 2016 的常用函数处理数据。

（4）能够使用 PowerPoint 2016 制作图文并茂的演示文稿。

2.1　管理计算机日常资源

2.1.1　定制个性化环境

为了能利用计算机进行高效的办公和学习，可以对系统的工作环境进行个性化定制。

认识 Windows 10 系统桌面

Windows 10 系统桌面与 Windows 7 系统桌面基本一样，主要由桌面图标、"开始"菜单按钮、快速启动区、任务栏、通知区组成，不同之处是任务栏设置了一个搜索框，方便用户搜索信息，"开始"菜单的布局也有了很大变化，如图 2-1-1 所示。

图 2-1-1　Windows 10 系统桌面组成

1）设置桌面背景

右击桌面空白处，在弹出的快捷菜单中选择"个性化"选项，在"设置"窗口中选择"背景"选项，即可设置桌面背景。用户可以选择 Windows 10 系统自带的桌面背景图片，也可以选择本台计算机中存储的图片，如图 2-1-2 所示。

2）设置"开始"菜单

"开始"菜单是操作系统的中央控制区域，可以根据个人习惯进行设置。右击桌面空白处，在弹出的快捷菜单中选择"个性化"选项，在"设置"窗口中选择"开始"选项，如图 2-1-3 所示。

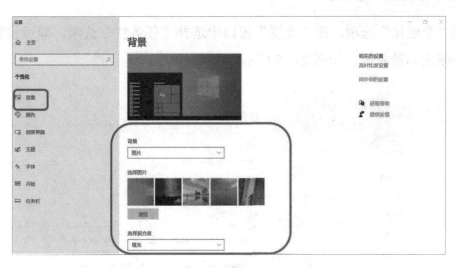

图 2-1-2　设置桌面背景

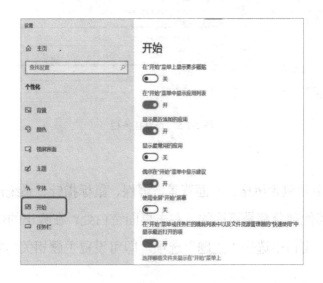

图 2-1-3　设置"开始"菜单

3）设置任务栏

在 Windows 系统中，任务栏是指位于桌面底部的小长条，主要由"开始"菜单按钮、应用程序区、语言选项（可解锁）和托盘区组成。图 2-1-4 所示为 Windows 10 系统任务栏。Windows 7 系统及之后版本的任务栏右侧新增了"显示桌面"功能。Windows 10 系统任务栏中新增了 Cortana 搜索、任务视图和"操作中心"按钮，用户可以决定任务栏是否透明和更改颜色。

图 2-1-4　Windows 10 系统任务栏

任务栏可以根据个人习惯设置在左侧、右侧或顶部。右击桌面空白处，在弹出的快捷菜单中选择"个性化"选项，在"设置"窗口中选择"任务栏"选项，即可设置任务栏的位置、是否锁定和隐藏等，如图2-1-5所示。

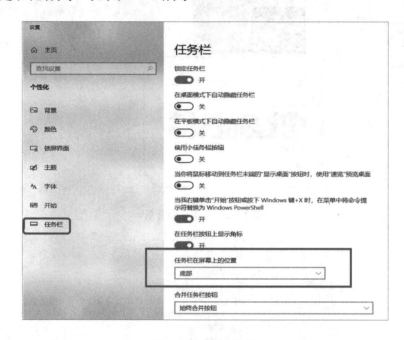

图2-1-5　设置任务栏

4）设置主题

Windows 10系统主题包含风格、桌面背景、屏保、鼠标指针、系统声音事件、图标等，除风格是必需的之外，其他部分都是可选的。右击桌面空白处，在弹出的快捷菜单中选择"个性化"选项，在"设置"窗口中选择"主题"选项，即可设置主题相关内容，如图2-1-6所示。

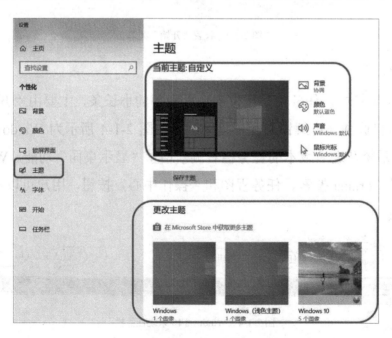

图2-1-6　设置主题

2.1.2　创建和搜索文件与文件夹

1．创建文件与文件夹

在文件或文件夹的保存位置右击，在弹出的快捷菜单中选择"新建"选项，在弹出的子菜单中选择"文件夹"选项或要创建文件的类型对应的命令。

在对文件或文件夹进行操作之前，要先选定文件或文件夹。

（1）选择单个文件或文件夹：单击文件或文件夹图标。

（2）选择多个相邻的文件或文件夹：选择第一个文件或文件夹后，按住"Shift"键，再单击最后一个文件或文件夹。

（3）选择多个不相邻的文件或文件夹：选择第一个文件或文件夹后，按住"Ctrl"键，再逐一单击要选择的文件或文件夹。

（4）选择所有文件或文件夹：按快捷键"Ctrl+A"，即可选定当前窗口中所有的文件或文件夹。

2．搜索文件与文件夹

在日常学习和工作中，常常需要搜索文件或文件夹。掌握在计算机中快速搜索到文件或文件夹的技能是办公的必备技能。

（1）精确搜索——记得文件或文件夹名的搜索：双击"此电脑"或某个"文件夹"，在弹出的"文件资源管理器"窗口的搜索框中输入文件或文件夹名后，单击"搜索" ▶ 按钮或按"Enter"键，便会搜索到相关文件或文件夹，如图 2-1-7 所示。

图 2-1-7　精确搜索

（2）模糊搜索——不记得文件或文件夹全名：在搜索框中输入关键词，如"家长会"后，单击"搜索"按钮，如图 2-1-8 所示。如果搜索到包含关键词的文件特别多，则可以加上文件的扩展名，缩小搜索范围，以便更快找到目标文件，如图 2-1-9 所示。

图 2-1-8　关键词搜索

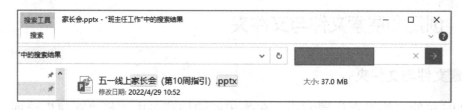

图 2-1-9　关键词加文件扩展名搜索

（3）多条件搜索：搜索文件或文件夹的技巧主要是缩小搜索范围。

在搜索框中输入"班会"，单击"搜索"按钮，可以通过修改搜索文件路径、文件类型、大小、修改日期等进行多条件搜索，如图 2-1-10 所示。

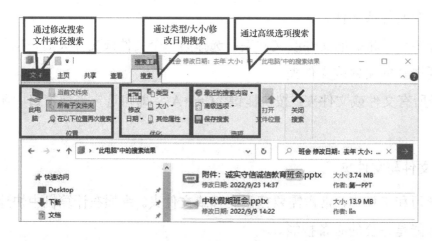

图 2-1-10　多条件搜索

2.1.3　文件资源管理器

文件资源管理器是 Windows 系统提供的资源管理工具，可以查看本台计算机中的所有资源。文件资源管理器提供了树形的文件系统结构，帮助用户更清楚、直观地查看计算机中的文件和文件夹。打开文件资源管理器的方法如下。

（1）单击"开始"菜单按钮，选择"Windows 系统"→"文件资源管理器"选项。

（2）右击"开始"菜单按钮，在弹出的快捷菜单中选择"文件资源管理器"选项。

（3）在任务栏的搜索框中，输入"文件资源管理器"，搜索后直接单击其打开。

2.1.4　控制面板的应用

1. 控制面板的作用

（1）允许用户配置计算机的辅助功能。

（2）启动一个可使用户添加新硬件设备到系统中的向导。

（3）允许用户从系统中添加或删除程序。

（4）允许用户更改存储在计算机 BIOS 中的日期和时间、更改时区、设置通过 Internet（因特网）时间服务器来同步日期和时间。

（5）允许用户配置文件夹和文件在 Windows 系统文件资源管理器中的显示方式，修改 Windows 系统中文件类型的关联，设置使用何种程序打开何种类型的文件。"控制面板"窗口如图 2-1-11 所示①。

图 2-1-11　"控制面板"窗口

2．打开控制面板的方法

（1）在任务栏的搜索框中输入"控制面板"，搜索后直接单击其打开，如图 2-1-12 所示。

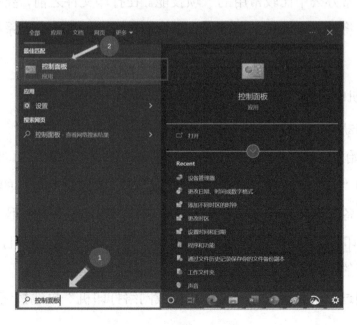

图 2-1-12　搜索打开控制面板

① 本书中"帐户"正确的用法应为"账户"。

（2）将"控制面板"快捷图标添加到桌面上，从桌面直接打开。

右击桌面空白处，在弹出的快捷菜单中选择"个性化"选项，在"设置"窗口中选择"主题"选项；单击"桌面图标设置"按钮，在"桌面图标设置"对话框中勾选"控制面板"复选框；单击"确定"按钮，即可将控制面板添加到桌面上，如图 2-1-13 所示。

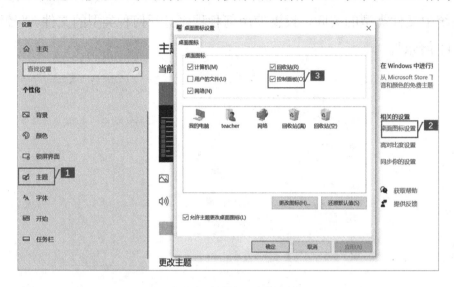

图 2-1-13　将控制面板添加到桌面上

2.1.5　打印与设置文件

打印文件是日常办公中比较常用的一项技能。在打印文件之前，要先在计算机上安装打印机驱动，然后将计算机连接上打印机。下面介绍在 Windows 10 系统中如何安装打印机驱动。

1. 安装打印机的步骤

双击打印机驱动程序，安装好打印机的驱动程序后进行如下操作。

（1）单击"开始"菜单按钮，在弹出的快捷菜单中选择"设置" ⚙ 选项，在"Windows 设置"窗口中找到"设备"选项。该选项中包含蓝牙、打印机和鼠标的设置。

（2）选择"设备"选项打开"设备"窗口，选择"打印机和扫描仪"选项，在右侧窗口中单击"添加打印机和扫描仪"按钮；默认会自动搜索已连接打印机，若长时间未找到，则可单击"我需要的打印机不在列表中"按钮，如图 2-1-14 所示。

（3）选中"通过手动设置添加本地打印机或网络打印机"单选按钮，单击"下一步"按钮。

（4）设置打印机端口，默认的现有端口是 LPT1，可在"使用现有的端口"下拉列表中选择其他端口（若使用 USB 接口的打印机，则建议先连接电缆）。

（5）安装打印机驱动程序，选择打印机厂商及相应的型号，若没有，则可使用打印机附带的磁盘来安装；单击"下一步"按钮打开如图 2-1-15 所示的界面，因为已经安装好了驱动程序，所以直接单击"下一步"按钮。

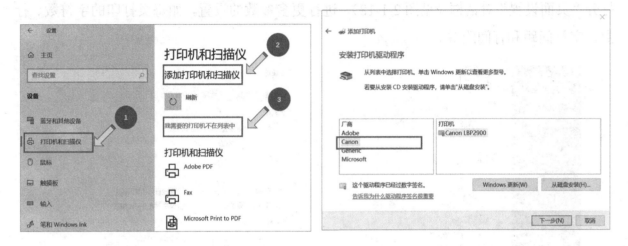

图 2-1-14　添加打印机　　　　　　　　　　　　图 2-1-15　安装打印机驱动程序

（6）确认打印机的名称，默认的是打印机的型号。

（7）根据需要，设置打印机是否共享，如图 2-1-16 所示。设置完成后，单击"下一步"按钮。

图 2-1-16　设置打印机共享

（8）完成安装，若要测试，则可单击"打印测试页"按钮。

2. 打印与设置的文件步骤

打印 Word 文件的基本操作步骤如下。

（1）选择"文件"选项卡，选择"打印"选项，在"打印"窗口中设置打印份数、打印页数、纵向或横向、纸张大小、页边距等参数，如图 2-1-17 所示。设置完成后，单击"打印"按钮，完成打印。

（2）若要进行更详尽的打印设置，则可以单击"打印"窗口中的"页面设置"按钮，打开"页面设置"对话框（见图 2-1-18），进行更多参数的设置，如每页打印的字符数、行数、字符间距和行间距等。

图 2-1-17　设置打印参数 1　　　　　图 2-1-18　"页面设置"对话框

（3）打印页数的设置：一般默认打印所有页面，若只想打印某一页，则可以选择"打印当前页"选项；若打印的页面是不连续的，如只想打印第 1、3、5 页，则可以在"页数"文本框中输入"1,3,5"，注意数字之间的逗号为英文逗号。

2.1.6　计算机碎片化管理

1. 为什么要进行磁盘碎片化管理

计算机被使用一段时间后，由于文件的存取和删除操作，磁盘上的文件和可用空间会变得比较零散，这种情况被称为"碎片"。如果不整理这种情况，磁盘的存取效率就会下降。磁盘碎片化管理就是将存储的文件放在连续的空间上，令磁盘可用空间变成一个整块，把磁盘整理整齐，并把无用的东西清理掉。

磁盘碎片化管理的作用如下。

（1）可以减轻磁盘的工作压力，从而提高硬盘的使用寿命。

（2）可以使文件有序排列，更不容易丢失。

（3）可以使文件读取更加流畅，从而提高运行速度。

2．如何进行磁盘碎片化管理

双击"此电脑"按钮，右击要处理的磁盘，在弹出的快捷菜单中选择"属性"选项，打开"属性"对话框；选择"工具"选项卡，单击"优化"按钮，打开"驱动器"窗口进行优化和碎片整理，如图 2-1-19 所示。

图 2-1-19　单击"优化"按钮

项目 3　胜任文件管理员

 项目资讯单

学习任务名称	胜任文件管理员	学时	1
搜集资讯的方式	资料查询、现场考察、网上搜索		

做一名优秀的文件管理员

1．文件管理员的职责

文件管理员需要细心和耐心，负责收集公司分散在各个部门和个人手中的文件，完成资料整理、分类、存档的工作。

2．文件管理的技巧

文件夹是用来管理一组相关文件的集合。在文件夹中可以创建文件夹，这种层级结构被称为目录树。

1）确定原则

（1）舍弃不必要的资料。非独有、价值属性低的文件，不用多想，果断删除吧。

（2）养成整理文件的习惯。

2）构建文件架构

（1）文件分级。

文件分级就是构建文件目录，以便快速、准确地定位目标文件。例如，第一级文件目录为工作、生活、学习文件目录；工作文件目录分为客户、公司、个人、项目文件目录等；客户文件目录分为 A 客户、B 客户、C 客户文件目录等。详细的分级会提高检索效率，但过于烦琐反而不利于快速定位文件，所以文件分级最好控制在 3 到 4 级。

（2）文件维度。

文件维度就是文件本身的属性划分。以电影为例，可以按国家分为中国、美国、日本等，也可以按导演分为科恩兄弟、诺兰、姜文等。只有文件分类的维度不重叠，才不会造成文件分类的混乱。

39

3）文件备份

构建好文件结构后，为防止文件丢失，可以选择对重要的文件进行备份。备份方案如表 2-1-1 所示。

表 2-1-1 备份方案

存储方式	安 全 性	价 格	易 用 性
本地硬盘	低	低	高
云盘备份	低—高	低—高	高
U 盘备份	低	低	高

学生资讯补充：

对学生的要求	掌握管理、清理、保护文件和文件夹的方法，学会打印文件
参考资料	

 项目实施单

学习任务名称	胜任文件管理员		学时	2
序号	实施的具体步骤	注意事项	自评	
1	管理文件和文件夹			
2	清理文件和文件夹			
3	保护文件和文件夹			
4	打印文件			

任务 1　管理文件和文件夹

1. 任务描述

在小雨的计算机中，有一个"学习"文件夹，他平时喜欢将所有文件都放在这个文件夹中，时间久了后，小雨发现查找需要的文件非常困难。"学习"文件夹的文件结构如图 2-1-20 所示，请你帮忙整理一下。

图 2-1-20　"学习"文件夹的文件结构

2．任务探究

在图 2-1-20 中，"学习"文件夹中有几类文件呢？通过观察发现，按照文件类型分类有视频类、图片类、演示文稿类；按照文件名的命名分类有学习类、工作类、娱乐类等文件。因此，有两种文件整理的思路。

（1）按照文件类型进行分类整理。

（2）按照文件的作用进行分类整理。

之后，通过移动、复制、粘贴对文件进行分类整理，删除无用的文件。

任务 2　清理文件和文件夹

1．任务描述

一段时间后，小雨发现自己的计算机运行起来越来越慢，想卸载一些不常用的软件，清除一些不需要的文件夹，消除磁盘碎片，可是他不会操作，快来帮帮他吧！

2．任务探究

优化计算机可以很好地管理计算机上的程序文件，优化计算机的工具有控制面板、360 卫士、计算机管家等，这里主要介绍运用控制面板进行软件卸载的方法。

3．任务实施

1）卸载程序

在"控制面板"窗口中选择"卸载程序"选项，单击"程序和功能"按钮，打开"程序和功能"窗口，右击要卸载的程序名，在弹出的快捷菜单中选择"卸载"选项。

2）磁盘碎片管理

右击盘符，如右击"E 盘"，在弹出的快捷菜单中选择"属性"选项，在弹出的对话框中选择"工具"选项卡，单击"优化"按钮，选择需要优化的磁盘，单击"优化"按钮，等待完成即可，如图 2-1-21 所示。

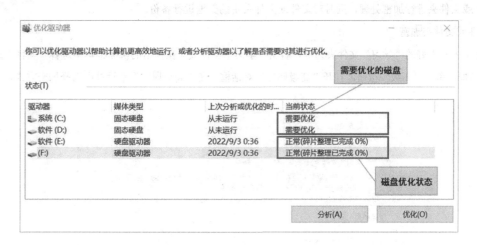

图 2-1-21　优化磁盘

3）删除文件夹

临时删除：右击文件夹，在弹出的快捷菜单中选择"删除"选项，在弹出的对话框中单击"是"按钮，即可将文件夹放入回收站，如图 2-1-22 所示。临时删除的文件或文件夹可以从回收站中还原。

永久删除：选中文件夹，按快捷键"Shift+Delete"，在弹出的对话框中单击"是"按钮，若不想删除，则单击"否"按钮即可返回，如图 2-1-23 所示。

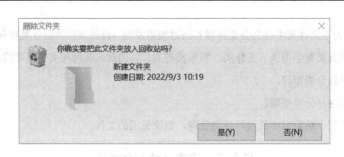

图 2-1-22 将文件夹放入回收站

图 2-1-23 永久删除文件夹

任务 3 保护文件和文件夹

1. 任务描述

小雨的计算机中存放了一些重要的文件，为防止泄露或丢失，造成不必要损失，请你帮他想想办法吧！

2. 任务实施

对文件或文件夹进行加密处理，同时对文件或文件夹中的数据进行备份。

1）文件或文件夹加密

以任务 1 中整理好的"学习"文件夹为例，右击"学习"文件夹，在弹出的快捷菜单中选择"属性"选项，打开"属性"对话框；单击"高级"按钮，打开"高级属性"对话框。在"高级属性"对话框中选择加密方式，如图 2-1-24 所示。

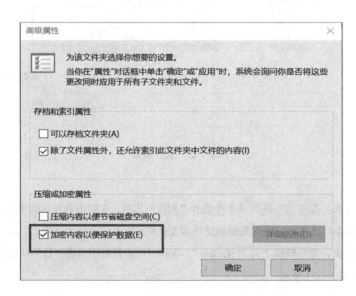

图 2-1-24 选择加密方式

返回"属性"对话框，单击"确定"按钮，弹出如图 2-1-25 所示的对话框；选择加密应用范围，单击"确定"按钮。设置好后，需要输入密码才能打开该文件夹。

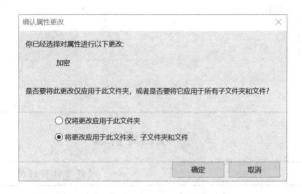

图 2-1-25　选择加密应用范围

2）数据备份

将"学习"文件夹复制到 U 盘或移动硬盘中进行备份，防止该文件夹中的重要文件丢失。

任务 4　打印文件

1. 任务描述

打印"学习"文件夹中的"学习心得.docx"文件。要求：①打印份数：10 份；②纸张要求：B5 纸，横向打印；③页边距：上、下、左、右边距各 2cm。

2. 任务实施

（1）打开"学习心得.docx"文件，选择"文件"选项卡，选择"打印"选项，在"打印"窗口中设置打印份数、纸张大小、横向打印，如图 2-1-26 所示。

（2）单击"自定义边距"下拉按钮，在弹出的下拉列表中选择"自定义边距"选项，打开"页面设置"对话框。在"页面设置"对话框中设置页边距，如图 2-1-27 所示。

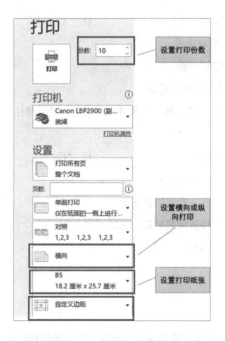

图 2-1-26　设置打印参数 2　　　　　　　　图 2-1-27　设置页边距

实施评价	班别:		第 组		组长签名:
	教师签字:		日期:		
	评语:				

项目评价单

学习任务名称		胜任文件管理员			
序号	评价项目	评价子项目	学生/小组自评	组长/组间互评	教师评价
1	项目资讯（20分）	资讯效果			
2	项目实施（60分）	管理文件和文件夹			
3		清理文件和文件夹			
4		保护文件和文件夹			
5		打印文件			
7	知识测评（20分）				
	总分				

知识测评

一、选择题（每题1分，共8分）

1. Windows 10系统自带的磁盘碎片优化工具主要作用是什么？（　　）

    A．缩小磁盘空间　　　B．扩大磁盘空间　　　　　C．修复损坏磁盘　　　　　D．提高文件访问速度

2. 下面哪个快捷键用于复制对象？（　　）

    A．"Ctrl+A"　　　　B．"Ctrl+C"　　　　　　C．"Ctrl+V"　　　　　　D．"Ctrl+X"

3. Windows 10系统中用于设置系统和管理计算机硬件的应用程序是（　　）。

    A．文件资源管理器　　　　　　　　　　B．控制面板

    C．"开始"菜单　　　　　　　　　　　　D．"计算机"窗口

4. 在Windows 10系统中，选择多个连续的文件或文件夹，应先选定第一个文件或文件夹，然后按住（　　）键不放，最后单击最后一个文件或文件夹。

    A．"Tab"　　　　　B．"Alt"　　　　　　C．"Shift"　　　　　　D．"Ctrl"

5. 在Windows 10系统中，删除U盘中的文件，下列说法中正确的是（　　）。

    A．可通过回收站还原　　　　　　　　　B．可通过撤销操作还原

    C．可通过剪贴板还原　　　　　　　　　D．文件被彻底删除，无法还原

6. 在Windows 10系统中，下列操作可以移动文件或文件夹的是（　　）。

    A．在同一驱动器中，直接用鼠标拖动

    B．剪切和粘贴

    C．在不同驱动器中，按住"Ctrl"键用鼠标拖动

    D．先用鼠标右键拖动文件或文件夹的目的文件夹，然后在弹出的对话框中选择"移动到当前位置"选项

7. 在 Windows 10 系统中，最常用的管理文件的工具是（　　）。

  A．"此电脑"和"控制面板"　　　　　　　　B．"文件资源管理器"和"控制面板"

  C．"此电脑"和"文件资源管理器"　　　　　D．"文件资源管理器"和"设备管理器"

8. 以下关于磁盘碎片化管理的描述，正确的是（　　）。

  A．磁盘碎片化管理的作用是延长磁盘的使用寿命

  B．磁盘碎片化管理可以修复磁盘中的坏扇区，使其可以重新使用

  C．磁盘碎片化管理可以对内存进行碎片整理，以提高访问内存的速度

  D．磁盘碎片化管理可以对磁盘进行碎片整理，以提高磁盘访问速度

二、运用所学知识，整理一下计算机中的文件，并写出具体步骤。（12 分）

评价	班别：		第　　　组	组长签名：
	教师签字：		日期：	
	评语：			

2.2　办公软件——运用 Word 的常用功能

2.2.1　录入信息

1．添加和删除输入法

（1）单击任务栏右下角的语言图标按钮，在弹出的快捷菜单中选择"语言首选项"选项，打开"语言"窗口（见图 2-2-1）；选择其中的"中文（简体，中国）"选项，单击"选项"按钮。

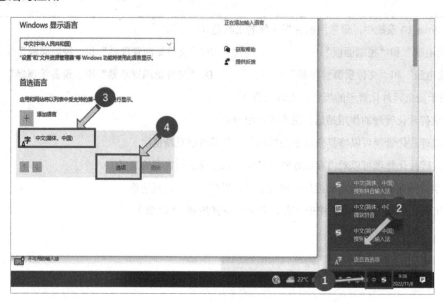

图 2-2-1 "Windows 显示语言"窗口

46

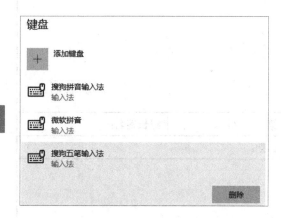

图 2-2-2 删除和添加输入法

（2）在"语言选项"窗口中，选择要删除的输入法后单击"删除"按钮，即可删除该输入法；单击"添加键盘"按钮，在弹出的快捷菜单中选中要添加的输入法，即可添加输入法，如图 2-2-2 所示。

2．文字录入技巧

（1）输入法之间的切换方法：快捷键"Ctrl+Shift"是顺序切换输入法；快捷键"Ctrl+Spacebar"是关闭或打开输入法。

（2）输入省略号：只需在要输入省略号的位置按快捷键"Ctrl+ Alt+."。

常用的快捷键如表 2-2-1 所示。

表 2-2-1 常用的快捷键

快 捷 键	功能介绍	快 捷 键	功能介绍
Ctrl+A	全选	Ctrl+E	段落居中
Ctrl+C	复制	Ctrl+L	左对齐
Ctrl+V	粘贴	Ctrl+R	右对齐
Ctrl+X	剪切	Ctrl+J	两端对齐
Shift+Home	从光标处选至该行开头处	Ctrl+M	左侧段落缩进
Shift+End	从光标处选至该行结尾处	Ctrl+Shift+M	取消左侧段落缩进
Ctrl+Shift+Home	从光标处选至文件开头处	Ctrl+T	创建段落悬挂缩进
Ctrl+Shift+End	从光标处选至文件结尾处	Ctrl+Shift+T	减小段落悬挂缩进
Ctrl+Shift+D	给选中的内容添加下画线	Ctrl+Q	删除段落格式

2.2.2　制作表格的技巧

1．创建表格的方法

1）自动插入表格

创建规则表格可以单击"插入"选项卡中的"表格"按钮，在弹出的快捷菜单中框选方格，即可自动快速插入表格，如图 2-2-3 所示。

2）利用"插入表格"对话框插入表格

创建规则表格可以单击"插入"选项卡中的"表格"按钮，在弹出的快捷菜单中选择"插入表格"选项，打开"插入表格"对话框（见图 2-2-4）。在"插入表格"对话框中可以自定义表格的行数和列数。

图 2-2-3　自动插入表格

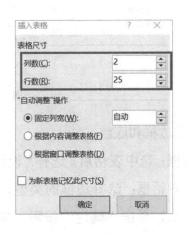

图 2-2-4　"插入表格"对话框

3）绘制表格

在实际应用中，有时需要制作一些不规则的表格，如图 2-2-5 所示的表格，可以通过绘制表格来实现。单击"插入"选项卡中的"表格"按钮，在弹出的快捷菜单中选择"绘制表格"选项，鼠标指针变成笔形后在表格位置拖动鼠标，绘制表格。在绘制过程中，若遇到错误，则可以单击"布局"选项卡中的"橡皮擦"按钮，擦除错误线条。

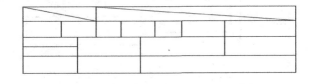

图 2-2-5　绘制表格实例

2. 表格工具的使用

在 Word 文档中插入或绘制表格后，功能区选项卡上方会自动出现"表格工具"功能，该功能包含两个选项卡："设计"选项卡和"布局"选项卡。

"设计"选项卡主要用于设置表格的样式、底纹、边框等，如图 2-2-6 所示。

图 2-2-6　"设计"选项卡

"布局"选项卡主要用于设置表格属性、单元格大小、单元格合并、对齐方式等，如图 2-2-7 所示。

图 2-2-7　"布局"选项卡

1）设置边框和底纹

设置边框：选中表格后，选择"设计"选项卡，单击"边框"组右下侧 按钮打开"边框和底纹"对话框；选择边框的类型、样式、颜色、宽度，应用范围（表格、单元格、文字、段落）后，单击"确定"按钮，如图 2-2-8 所示。

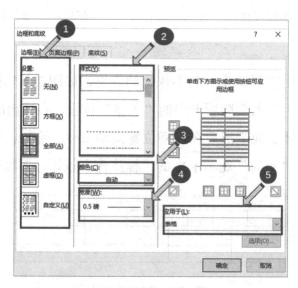

图 2-2-8　设置边框

设置底纹：底纹就是表格或单元格的背景色。在"边框和底纹"对话框中，选择"底纹"选项卡，选择填充色、图案、应用范围后，单击"确定"按钮，如图 2-2-9 所示。

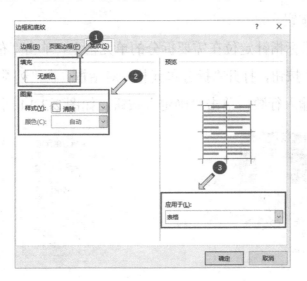

图 2-2-9　设置底纹

2）调整表格和单元格的大小

方法 1：选中表格或将鼠标指针放置在表格区域竖线或横线上，当指针变成如图 2-2-10 或图 2-2-11 所示的形状时，上下或左右拖动鼠标，即可调整表格的行高或列宽。

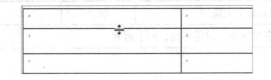

图 2-2-10　调整行高

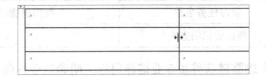

图 2-2-11　调整列宽

方法 2：精确设置行高和列宽及表格的大小。

精确设置单元格的行高和列宽：将鼠标指针定位在要设置的单元格上，在"布局"选项卡的"单元格大小"组的"高度""宽度"数值框中分别输入数字。

精确设置表格的大小：选中表格后右击，在弹出的快捷菜单中选择"表格属性"选项，打开"表格属性"对话框（见图 2-2-12）；勾选"指定宽度"复选框，并在后面的数值框中输入数字；选择"行"选项卡，勾选"指定高度"复选框，并在后面的数值框中输入数字（调整行高）；选择"列"选项卡，勾选"指定宽度"复选框，并在后面的数值框中输入数字（调整列宽）。

图 2-2-12　"表格属性"对话框

49

3）合并和拆分单元格

合并单元格：选中需要合并的单元格，单击"布局"选项卡的"合并"组（见图2-2-13）中的"合并单元格"按钮。

拆分单元格：将鼠标指针定位在需要拆分的单元格上，单击"布局"选项卡的"合并"组中的"拆分单元格"按钮，打开"拆分单元格"对话框；在"列数"数值框中输入列数，在"行数"数值框中输入行数，单击"确定"按钮，如图2-2-14所示。

图 2-2-13 "合并"组

图 2-2-14 拆分单元格

项目 4 制作健康养护专业个人简历

 项目资讯单

学习任务名称	制作健康养护专业个人简历	学时	1
搜集资讯的方式	资料查询、现场考察、网上搜索		

聊聊健康养护专业培养目标，明确就业方向

健康养护专业旨在培养德智体美劳全面发展，具有物联网、传感器、通信网络、养护服务与管理等专业基础知识，掌握传感器设备接入、网络布线与设备管理，老年人生活照护、老年常见病防治、老年人健康与心理咨询、老年人康复治疗与训练等技能，能够利用新一代信息技术提升养护服务的智能化程度和品质，能胜任行业的技术服务和信息化管理等工作的综合性人才。

对应职业（岗位）：各类疗养服务机构技术服务岗位、一线管理岗位、社区服务岗位、养护服务产业机构工作人员。例如，医院疗养中心、社区服务中心、健康体检中心、理疗护理中心、主题养生酒店、养老公寓等技术服务或管理岗位。

选择表格、行、列、单元格的技巧

1. 选择表格

选择表格可以将鼠标指针移到表格的边框线上，单击表格左上角的"全部选中" ⊞ 按钮，也可以在表格内部通过鼠标来选择。

2. 选择行

将鼠标指针移至表格左侧，当鼠标指针变成 ↗ 形状时，单击可以选择整行，如果按住鼠标左键不放并向上或向下拖动鼠标，则可以选择多行。

3．选择列

将鼠标指针移至表格顶端，当鼠标指针变成 ↓ 形状时，单击可以选择整列，如果按住鼠标左键不放并向左或向右拖动鼠标，则可以选择多列。

4．选择单元格

（1）选择单个单元格：将鼠标指针移至单元格的左边框线上，当鼠标指针变成 ◢ 形状时，单击即可。

（2）选择连续多个单元格：从开始单元格按住鼠标左键不放，拖动鼠标到结束单元格。

（3）选择不连续单元格：先选中一个单元格，并按住 "Ctrl" 键不放，再选中下一个单元格。

在 Word 中插入图片和设置图片格式

1．插入图片

单击 "插入" 选项卡的 "插图" 组（见图 2-2-15）中的 "图片" 按钮，选择好要插入的图片后单击 "插入" 按钮。

图 2-2-15　"插图" 组

2．设置图片格式

选中图片后，功能区选项卡上方会自动出现 "图片工具" 功能的 "图片格式" 选项卡，在此可以对图片进行调整，并对图片样式、排列、大小等进行设置，如图 2-2-16 所示。

图 2-2-16　"图片工具" 功能

在 Word 中插入形状和设置形状格式

1．插入形状

单击 "插入" 选项卡的 "插图" 组中的 "形状" 按钮，在弹出的快捷菜单中选择要插入的形状。

2．设置形状格式

插入形状后，功能区选项卡上方会出现 "绘图工具" 功能，在此可以对形状样式、文本、排列和大小等进行设置，如图 2-2-17 所示。

图 2-2-17　"绘图工具" 功能

学生资讯补充：	
对学生的要求	掌握插入表格的方法； 掌握合并单元格和拆分单元格的方法； 掌握调整表格和单元格大小的方法； 掌握插入形状和图片及设置形状和图片格式的方法
参考资料	

 项目实施单

学习任务名称	制作健康养护专业个人简历		学时	2
序号	实施的具体步骤	注意事项	自评	
1	插入表格			
2	合并和拆分单元格			
3	调整表格和单元格的大小			
4	插入形状和图片及设置形状和图片的格式			
5	输入文字信息及设置文字格式			

任务 制作健康养护专业个人简历

小雨是健康养护专业的学生，现在要毕业准备找工作了，你能帮他做一份简历吗？效果参考图 2-2-18。

操作步骤提示如下。

（1）新建一个 Word 文档。

（2）制作表头：选择"插入"选项卡，单击"形状"按钮，在弹出的快捷菜单中选择矩形；将形状填充设置为蓝色、个性色、单色 40%，形状轮廓设置为无轮廓，矩形大小设置为宽 14.67cm、高 1.24cm。

（3）输入文字："个人简历"，将字体设置为黑体、加粗、白色，字符间距设置为 1 磅，并调整文字至右侧适当的位置。

（4）插入一个梯形，将大小设置为宽 8cm、高 1cm，形状填充设置为白色，形状轮廓设置为无轮廓，并调整形状位置。

（5）插入一个 2 列、24 行的表格，将表格宽度设置为 14cm，对齐方式设置为水平居中。

（6）选中第 1 行的 2 个单元格，将其合并，将对齐方式设置为水平居中，底纹设置为蓝色、个性色、单色 40%；输入文字"个人基本资料"，将字体设置为小四号、黑体、白色。

（7）选中第 2 行的 2 个单元格，先将其合并，再拆分成 9 列，参考图 2-2-18 输入相应文字，将鼠标指针移到列边框线上，左右拖动鼠标调整单元格的大小。

（8）用同样的方法设置第 3～5 行。

（9）合并第 2～5 行的最后一个单元格，并输入文字"照片"。

（10）合并第 6 行的 2 个单元格，将底纹设置为蓝色、个性色、单色 40%；输入文字"求职意向"，将字体设置为小四号、黑体、白色。

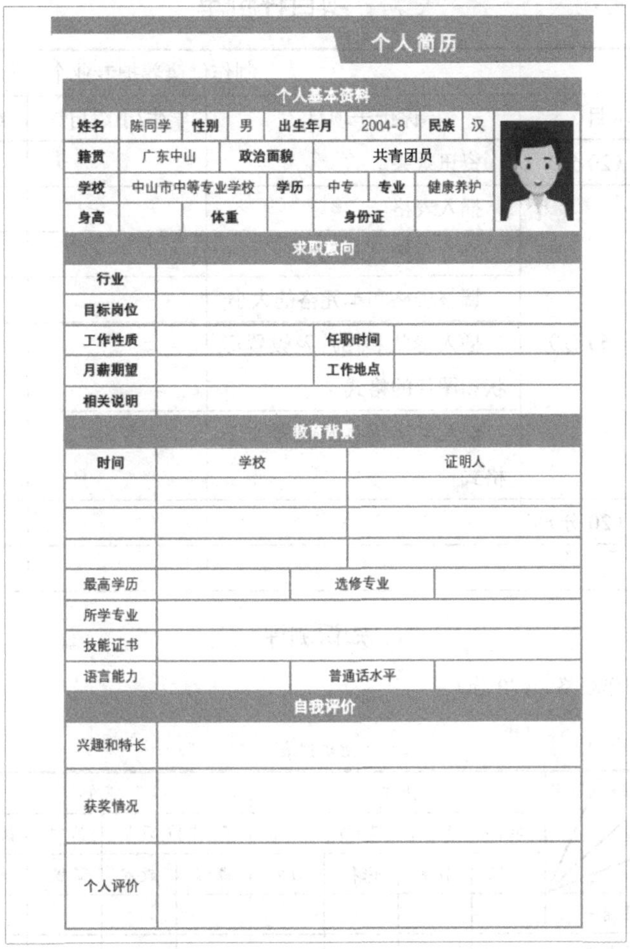

图 2-2-18　个人简历效果图

（11）参考图 2-2-18 调整第 7～11 行第 1 列的列宽，将第 9 和 10 行的第 2 个单元格拆分为 3 列。

（12）合并第 12 行的单元格，效果与第 6 行相同。

（13）选中第 13～16 行的第 2 个单元格，将其拆分为 2 列，将第 17 行的第 2 个单元格拆分为 3 列。

（14）将第 20 行的第 2 个单元格拆分为 3 列。

（15）合并第 21 行的单元格，效果与第 6 行相同。

（16）通过拖动鼠标，适当调整行高列宽。选中表格，将表格边框线的宽度设置为 1.5 磅，颜色设置为蓝色、个性色、单色 40%，对齐方式设置为水平居中。

	班别：		第　　组	组长签名：
	教师签字：		日期：	
	评语：			
实施评价				

项目评价单

学习任务名称		制作健康养护专业个人简历			
序号	评价项目	评价子项目	学生/小组自评	组长/组间互评	教师评价
1	项目资讯（20分）	资讯效果			
2	项目实施（60分）	插入表格			
3		合并和拆分单元格			
4		调整表格和单元格的大小			
5		插入形状和图片及设置形状和图片的格式			
6		输入文字信息及设置文字格式			
7	知识测评（20分）				
总分					

知识测评

操作题：根据图 2-2-19，制作表格。（20分）

班级课表

课程 节次 教室 星期	上午				下午			
	第1节和第2节		第3节和第4节		第5节和第6节		第7节和第8节	
	课程	教室	课程	教室	课程	教室	课程	教室
星期一								
星期二								
星期三								
星期四								
星期五								

图 2-2-29　班级课表

评价	班别：		第　　　组		组长签名：
	教师签字：		日期：		
	评语：				

2.3 办公软件——运用 Excel 快速计算数据

2.3.1 Excel 常用函数的介绍

Excel 提供了大量的函数，帮助用户进行大批量的数据计算，下面列举一些常用的函数。

1．SUM 函数

SUM 函数：求和。

例如，输入"=SUM(A1:A10)"，求一个单元格区域的和；输入"=SUM(A1:A10,C1:C10)"，求多个单元格区域的和。

2．AVERAGE 函数

AVERAGE 函数：计算平均值。

例如，输入"=AVERAGE(A1:A12)"，计算 A1:A12 单元格区域的平均值。

3．COUNTA 函数

COUNTA 函数：计算非空单元格的个数。

例如，输入"=COUNTA(A1:A12)"，计算 A1:A12 单元格区域非空单元格的个数。

4．IF 函数

IF 函数：判断一个条件，根据判断的结果返回指定值，格式为 IF(判断条件,条件成立的结果,条件不成立的结果)。

例如，A1=6，A5=1，输入"=IF(A1>A5,"通过","不通过")"，则返回结果为"通过"。

5．SUMIF 函数

SUMIF 函数：求满足条件的单元格区域数据的和，格式为 SUMIF(条件区域,条件,求和的区域)。

例如，输入"=SUMIF(B2:B20,"行政部",D2:D20)"，求 D2:D20 单元格区域满足 B2:B20 单元格区域等于"行政部"的和。

6．AVERAGEIF 函数

AVERAGEIF 函数：求满足条件的单元格区域数据的平均值，格式为 AVERAGEIF(条件区域,条件,求平均值的区域)。

例如，输入"=AVERAGEIF(C3:C51,"女",D3:D51)"，求 D3:D51 单元格区域满足 C3:C51 单元格区域等于"女"的平均值。

7．COUNTIF 函数

COUNTIF 函数：统计符合条件的个数，格式为 COUNTIF(条件区域,条件)。

例：输入"=COUNTIF(A1:A20,">50")"，求 A1:A20 单元格区域大于 50 的个数。

8. VLOOKUP 函数

VLOOKUP 函数：在表格中查找数据，格式为 VLOOKUP(查找值,要查找的区域,要返回第几列的内容,1 或 0)。其中，1 表示近似匹配，0 表示精确匹配。

通俗地理解为 VLOOKUP(找什么,在哪找,找到后返回其右侧对应的第几列数据,是精确查找还是模糊查找)。

例如，在销售表中输入"=VLOOKUP(D2,$A$2:$B$12,2,0)"，则其参数解释为"=VLOOKUP(要查找的销售员,包含销售员和其销售额的数据源区域,找到后返回第 2 列,精确查找)"。

9. TODAY 函数

TODAY 函数：没有参数，返回当前日期。

例如，输入"=TODAY()"返回今天日期。

10. DATEDIF 函数

DATEDIF 函数：返回两个日期之间的年、月、日，格式为 DATEDIF(起始时间,结束时间,函数返回的类型)。

函数返回的类型："Y"表示返回整年数，"M"表示返回整月数，"D"表示返回整天数。

例如，输入"=DATEIF(B2,C2,"Y")"，计算 B2 单元格与 C2 单元格中两个日期间隔的年份；输入"=DATEIF(B2,C2,"M")"，计算 B2 单元格与 C2 单元格中两个日期间隔的月份；输入"=DATEIF(B2,C2,"D")"，计算 B2 单元格与 C2 单元格中两个日期间隔的天数。

11. TEXT 函数

TEXT 函数：将数值转换为按指定数字格式表示的函数，格式为 TEXT(值,格式)。

例如，输入"=TEXT（20229,"0-00-00"）"，输出 2-02-29。

12. MID 函数

MID 函数：截取文本中从指定位置开始的特定数目的字符，格式为(目标单元格,开始位置,截取长度)。

例如，输入"=MID(A2,7,8)"，从 A2 单元格中字符串的第 7 位（从左到右）开始截取，共截取 8 个字符。

13. ROUND 函数

ROUND 函数：四舍五入取整，格式为(数值,小数位数)。

例如，输入"=ROUND(5.456,2)"，对 5.456 进行取整，并保留两位小数，结果为 5.46。

2.3.2　函数的调用方法

Excel 中所有函数的使用方法都是一样的，操作步骤基本一致，区别是不同函数的功能不同，参数也不同。下面以 AVERAGE 函数为例，讲解函数的使用方法。

（1）打开素材文件夹中的"学生成绩分析.xlsx"文件。

（2）将鼠标指针定位在 L3 单元格上（用于输出结果）。

（3）单击"编辑栏"左侧的" f_x "  按钮，弹出"插入函数"对话框，如图 2-3-1 所示。

查找函数的方法如下。

方法 1：在"搜索函数"文本框中输入函数名"AVERAGE"，单击"转到"按钮，找到该函数。

方法 2：在"或选择类别"下拉列表中选择"全部"选项，在"选择函数"列表中找到并选择"AVERAGE"选项。

（4）单击"确定"按钮，在"函数参数"对话框（见图 2-3-2）中单击"Number1"文本框右侧的 按钮，拖动鼠标选择单元格。

图 2-3-1　"插入函数"对话框

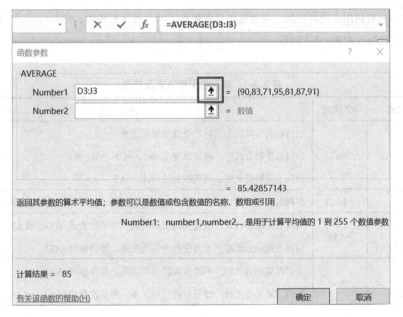

图 2-3-2　"函数参数"对话框

项目5 处理学生成绩数据

 项目资讯单

学习任务名称	处理学生成绩数据	学时	1
搜集资讯的方式	资料查询、现场考察、网上搜索		

有趣的身份证号码：每个数字都有它的含义哦

（1）第1位、第2位数字表示所在省份的代码。

（2）第3位、第4位数字表示所在城市的代码。

（3）第5位、第6位数字表示所在区县的代码。

（4）第7~14位数字表示出生年、月、日。

（5）第15位、第16位数字表示所在地的派出所的代码。

（6）第17位数字表示性别。奇数表示男性，偶数表示女性。

（7）第18位数字表示校检码，一般是计算机随机产生的，用于检验身份证的正确性。校检码可以是0~9的数字，也可以是X。

引用单元格的方式

在Excel中，通过单元格地址可以引用单元格。单元格地址是行号和列标的组合，如A3指的是行号为3与列标为A交叉的单元格。

相对引用：直接通过单元格地址来引用单元格。

绝对引用：无论引用单元格的公式位置如何改变，所引用的单元格都不会发生变化。绝对引用的形式是在单元格的行号和列标前加上符号"$"。

混合引用：包含相对引用和绝对引用。混合引用有两种形式，一种是列相对、行绝对，另一种是列绝对、行相对。单元格引用方式及特性如表2-3-1所示。

表2-3-1 单元格引用方式及特性

单元格引用方式	A3样式	特　　性
相对引用	=A3	当向右向下复制公式时，会改变引用关系； 当向右复制公式时，将依次变成=B3、=C3、=D3等； 当向下复制公式时，将依次变成=A4、=A5、=A6等
绝对引用	=$A$3	当向右向下复制公式时，不会改变引用关系，始终保持引用A3单元格
混合引用 （列相对、行绝对）	=A$3	当向右复制公式时，改变列的引用关系，将依次变成=B$3、=C$3、=D$3等； 当向下复制公式时，不改变行的引用关系，始终保持=A$3
混合引用 （列绝对、行相对）	=$A3	当向右复制公式时，不改变列的引用关系，始终保持=$A3； 当向下复制公式时，改变行的引用关系，将依次变成=$A4、=$A5、=$A6等

公式与函数的语法格式

输入公式：选择要输入公式的单元格，先在单元格或"编辑栏"中输入"="，再输入公式内容，完成后按"Enter"键或单击"编辑栏"上的"输入" ✔ 按钮。

编辑公式：与编辑数据的方法相同。选择要编辑公式的单元格，将鼠标指针定位在"编辑栏"或单元格中需要修改的位置，先按"Backspace"键删除多余或错误的内容，再输入正确的内容，完成后按"Enter"键，Excel 会自动计算新公式。

函数的语法格式：选择要输入函数的单元格，先在"编辑栏"或单元格中输入"="，再输入函数名及参数，完成后按"Enter"键或单击"编辑栏"上的"输入"按钮。

填充句柄

大多数序列都可以使用自动填充功能来填充，在 Excel 中是使用"填充句柄"来自动填充的。所谓填充句柄，是指位于当前活动单元格右下方的小方块，可以使用鼠标拖动该小方块进行自动填充。

学生资讯补充：

对学生的要求	1. 掌握绝对引用和相对引用的含义； 2. 掌握常用函数（如 SUM、AVERAGE、MAX、MIN、RANK、MID、IF、COUNTA、ROUND、VLOOKUP、TEXT、DATEDIF）的应用； 3. 了解 18 位身份证号码的含义
参考资料	

 ## 项目实施单

学习任务名称	处理学生成绩数据		学时	2
序号	实施的具体步骤	注意事项	自评	
1	运用 SUM、AVERAGE、MAX、MIN 函数计算总分、平均分、最高分、最低分			
2	运用 ROUND 函数和 COUNTA 函数统计获得奖学金的人数			
3	运用 RANK.EQ 函数统计成绩排名			
4	运用 IF 函数统计获得奖学金的同学			
5	运用 TEXT 和 MID 函数分离出身份证号码中的出生日期			

实施说明如下。

期末考试成绩出来了，老师想请小雨帮忙对成绩进行统计，并进行排名和评出一、二、三等奖，小雨能够顺利完成任务吗？计算效果如图 2-3-3 所示。

总分	平均分	名次	奖学金		奖学金比例分配，一等占5%，二等占10%，三等占15%	
598	85	12	三等奖			
595	85	15				
589	84	22			等级	所占比例	人数
628	90	1	一等奖		一等奖	5%	2
572	82	33			二等奖	10%	5
595	85	15			三等奖	15%	7
558	80	38					
579	83	29					
576	82	31					
524	75	46					
521	74	47					
517	74	48					
581	83	27					
582	83	26					
539	77	45					
612	87	8	三等奖				
589	84	22					
593	85	19					
585	84	25					

平均分				86	80	71	89	80
最高分				97	95	81	98	93
最低分				71	60	60	71	69

图 2-3-3　计算效果

任务 1　统计各科成绩

1．计算总分

（1）打开"学生成绩分析.xlsx"文件，选择"成绩总表"工作表，将鼠标指针定位在 K3 单元格上，单击"开始"选项卡中"编辑"组的"∑ 自动求和" ∑ 自动求和 按钮，K3 单元格中会自动生成 SUM 函数的公式，如图 2-3-4 所示。若想改变计算的单元格区域，则拖动鼠标重新选择即可，完成后按"Enter"键。

JavaScript程序设计	总分	平均分	名次
91	=SUM(D3:J3)		
90	SUM(**number1**, [number2], …)		
83			

图 2-3-4　SUM 函数的公式

（2）将鼠标指针移到 K3 单元格右下角的填充句柄上，当鼠标指针变成十字光标时，按住鼠标左键不放并向下拖动或双击鼠标，即可计算其他同学的总分。

2．计算平均分

（1）将鼠标指针定位在 L3 单元格上，单击"∑ 自动求和"按钮，在弹出的快捷菜单中选择"AVERAGE"选项，拖动鼠标选择要计算的数据区域，完成后按"Enter"键。

（2）将鼠标指针移到 L3 单元格右下角的填充句柄上，当鼠标变成十字光标时，按住鼠标左键不放并向下拖动或双击鼠标，即可计算其他同学的平均分。

（3）用同样的方法，计算单科成绩的平均分。

3．计算最高分、最低分

（1）将鼠标指针定位在 D53 单元格上，单击"∑ 自动求和"按钮，在弹出的快捷菜单中选择"MAX"选项，拖动鼠标选中 D3:D51 单元格区域（见图 2-3-5），完成后按"Enter"键。运用填充句柄，计算其他科目的最高分。

（2）将鼠标指针定位在 D54 单元格上，单击"∑ 自动求和"按钮，在弹出的快捷菜单中选择"MIN"选项，拖动鼠标选中 D3:D51 单元格区域（见图 2-3-6），完成后按"Enter"键。运用填充句柄，计算其他科目的最低分。

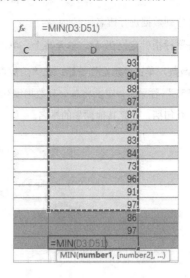

图 2-3-5　选中单元格区域 1　　　　　　　　图 2-3-6　选中单元格区域 2

任务 2　统计获得奖学金的人数

分配比例：一等奖占比为 5%，二等奖占比为 10%，三等奖占比为 15%。

公式：=ROUND(COUNTA(B3:B51)*百分比,0)。

方法 1：将鼠标指针定位在 R6 单元格上，在"编辑栏"中输入公式"=ROUND(COUNTA(B3:B51)*Q6,0)"，完成后按"Enter"键。用同样的方法，计算获得二等奖和三等奖的人数。

方法 2：将鼠标指针定位在 R6 单元格上，单击"f_x"按钮，在"插入函数"对话框的"选择函数"列表中找到 ROUND 函数，单击"确定"按钮；在"函数参数"对话框的"Number"文本框中，先输入"COUNTA()"，将鼠标指针定位在该函数括号中间，拖动鼠标选中 B3:B51 单元格区域，并将该区域锁死（绝对引用）；再输入"*Q6"，在"Num_digits"文本框中输入"0"，完成后按"Enter"键，如图 2-3-7 所示。运用填充句柄，计算获得二等奖和三等奖的人数。

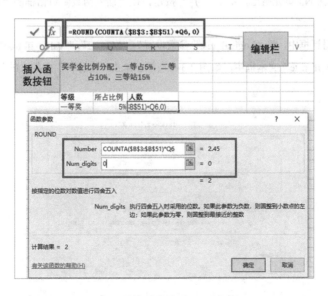

图 2-3-7　获得一等奖人数的方法统计

任务3 统计成绩排名

根据总分列数据进行排名。

（1）将鼠标指针定位在 M3 单元格上，单击"f_x"按钮，在"插入函数"对话框的"选择函数"列表中找到 RANK.EQ 函数，单击"确定"按钮；在"函数参数"对话框中，将"Number"参数设置为"K3"、"Ref"参数设置为"K3:$K$51"（注意：一定要将总分列数据锁死哦！）、"Order"参数设置为"0"，如图 2-3-8 所示，完成后按"Enter"键。运用填充句柄，计算其他同学的排名。

图 2-3-8 RANK.EQ 函数的参数设置

（2）将鼠标指针定位在 M3 单元格上，在"编辑栏"中输入公式"=RANK.EQ(K3,$K$3:$K$51,0)"，完成后按"Enter"键。

任务4 统计获得奖学金的同学

计算条件：名次≤2 为一等奖，2<名次≤7 为二等奖，7<名次≤14 为三等奖。

1. 运用"函数参数"对话框

（1）将鼠标指针定位在 N3 单元格上，单击"f_x"按钮，在"插入函数"对话框的"选择函数"列表中找到 IF 函数，单击"确定"按钮。

（2）在"函数参数"对话框中，将"Logical_test"参数设置为"M3<=2"，"Value_if_true"参数设置为""一等奖""；将鼠标指针定位在"Value_if_true"文本框中，如图 2-3-9 所示。单击"名称框"中的"IF"下拉按钮，在弹出的下拉列表中选择"IF"选项。

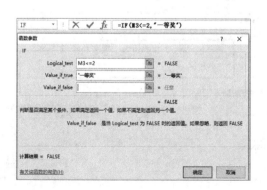

图 2-3-9 IF 函数的参数设置 1

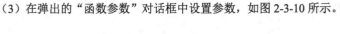

（3）在弹出的"函数参数"对话框中设置参数，如图 2-3-10 所示。

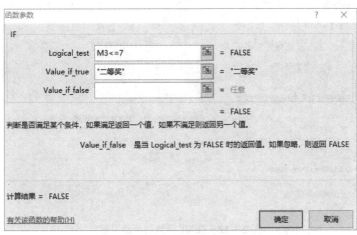

图 2-3-10　IF 函数的参数设置 2

（4）将鼠标指针定位在"Value_if_true"文本框中，单击"名称框"中的"IF"下拉按钮，在弹出的下拉列表中选择"IF"选项；在弹出的"函数参数"对话框中设置参数，如图 2-3-11 所示。完成后按"Enter"键。运用填充句柄，计算其他同学的获奖情况。

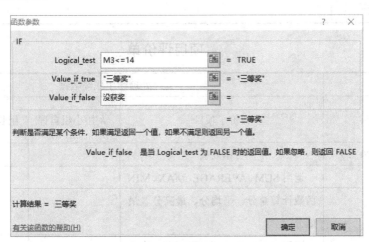

图 2-3-11　IF 函数的参数设置 3

2. 直接在"编辑栏"中输入公式

直接在"编辑栏"中输入公式"=IF(M3<=2,"一等奖",IF(M3<=7,"二等奖",IF(M3<=14,"三等奖","")))"。

任务 5　分离出身份证号码中的出生日期

方法 1：打开名为"学籍表"的工作表，将鼠标指针定位在 E3 单元格上，直接在"编辑栏"中输入公式"=TEXT(MID(C3,7,8),"0-00-00")"，完成后按"Enter"键。

方法 2：运用"函数参数"对话框。

（1）打开名为"学籍表"的工作表，将鼠标指针定位在 E3 单元格上，单击"f_x"按钮，在"插入函数"对话框的"选择函数"列表中找到 TEXT 函数，单击"确定"按钮。

（2）在"函数参数"对话框中设置参数，如图 2-3-12 所示。其中，"mid(C3,7,8)"表示从身份证号码的第 7 位开始，截取 8 个数字。完成后按"Enter"键。

（3）运用填充句柄，计算其他同学的出生日期。

图 2-3-12　TEXT 函数的参数设置

实施评价	班别：		第　　组		组长签名：
	教师签字：		日期：		
	评语：				

🎯 项目评价单

学习任务名称		处理学生成绩数据			
序号	评价项目	评价子项目	学生/小组自评	组长/组间互评	教师评价
1	项目资讯（20 分）	资讯效果			
2	项目实施（60 分）	运用 SUM、AVERAGE、MAX、MIN 函数计算总分、平均分、最高分、最低分			
3		运用 ROUND 函数和 COUNTA 函数统计获得奖学金的人数			
4		运用 RANK.EQ 函数统计成绩排名			
5		运用 IF 函数统计获得奖学金的同学			
6		运用 TEXT 和 MID 函数分离出身份证号码中的出生日期			
7	知识测评（20 分）				
	总分				

知识测评

操作题（每题 10 分，共 20 分）

1. 查看"学籍表"工作表中学生的籍贯（提示：运用 VLOOKUP 函数和 MID 函数），身份证号码的前 6 位数为籍贯信息。VLOOKUP 函数的参数设置如图 2-3-13 所示。

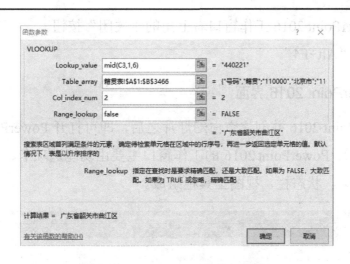

图 2-3-13　VLOOKUP 函数的参数设置

2．打开"课程等级表"工作表，根据条件计算各科成绩的等级。计算条件：成绩<60 分为 D 等级，60 分≤成绩<80 分为 C 等级，80 分≤成绩<90 分为 B 等级，90 分≤成绩为 A 等级。

评价	班别：		第　　组		组长签名：
	教师签字：		日期：		
	评语：				

65

2.4　办公软件——运用 PowerPoint 制作演示文稿

2.4.1　初识 PowerPoint 2016

PowerPoint 简称 PPT，主要用于制作产品宣传、演示文稿。

1．打开 PowerPoint 2016 的方法

打开 PowerPoint 2016 的方法如下。

（1）单击"开始"菜单按钮，在弹出的快捷菜单中选择"Microsoft Office"→"Microsoft Office PowerPoint 2016"选项。

（2）右击桌面空白处，在弹出的快捷菜单中选择"新建"→"Microsoft PowerPoint 演示文稿"选项。

（3）若桌面有 PowerPoint 2016 的快捷方式，则直接双击其打开。

2．关闭 PowerPoint 2016 的方法

（1）单击"文件"选项卡中的"关闭" ✕ 按钮。

（2）单击 PowerPoint 2016 工作窗口右上角的"关闭"按钮。

（3）按快捷键"Alt+F4"。

3．认识 PowerPoint 2016 界面

在启动 PowerPoint 2016 并创建空白幻灯片之后，即可打开 PowerPoint 2016 的工作窗口，如图 2-4-1 所示。PowerPoint 2016 的工作窗口主要由功能选项卡、工作区、幻灯片/大纲视图窗格、备注区、状态栏、视图工具栏组成。

图 2-4-1　PowerPoint 2016 的工作窗口

2.4.2　演示文稿的基本操作

1．新建演示文稿

方法 1：在启动 PowerPoint 2016 后，单击"开始"选项卡中的"空白演示文稿"按钮。

方法 2：在启动 PowerPoint 2016 并打开工作窗口后，选择"文件"选项卡，选择"新建"选项，将显示模板和主题，单击其中的"空白演示文稿"按钮。

2．新建幻灯片

（1）通过快捷菜单新建幻灯片。在幻灯片/大纲视图窗格中，右击需要新建幻灯片的位置，在弹出的快捷菜单中选择"新建幻灯片"选项。

（2）通过"开始"选项卡新建幻灯片。选择"开始"选项卡，单击"幻灯片"组中的"新建幻灯片"按钮，在弹出的快捷菜单中选择新建幻灯片的版式，即可新建一张具有版

式的幻灯片，如图 2-4-2（a）所示。

（3）通过"插入"选项卡新建幻灯片。选择"插入"选项卡，单击"新建幻灯片"按钮，如图 2-4-2（b）所示。

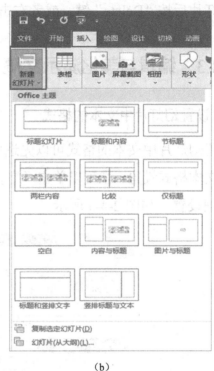

（a）　　　　　　　　　　　　（b）

图 2-4-2 新建幻灯片

3．选择幻灯片

（1）选择单张幻灯片：在幻灯片/大纲视图窗格或幻灯片浏览视图中，单击某张幻灯片的缩略图。

（2）选择多张相邻的幻灯片：在幻灯片/大纲视图窗格或幻灯片浏览视图中，先单击第一张幻灯片，并按住"Shift"键不放，再单击最后一张幻灯片。

（3）选择多张不相邻的幻灯片：在幻灯片/大纲视图窗格或幻灯片浏览视图中，先单击第一张幻灯片，并按住"Ctrl"键不放，再依次单击需选择的幻灯片。

（4）选择全部幻灯片：在幻灯片/大纲视图窗格或幻灯片浏览视图中，按快捷键"Ctrl+A"。

4．移动、复制和删除幻灯片

（1）通过拖动鼠标移动或复制幻灯片：在幻灯片/大纲视图窗格或幻灯片浏览视图中，单击需移动的幻灯片，按住鼠标左键将其拖动到目标位置后再释放。

（2）通过快捷键移动或复制幻灯片：在幻灯片/大纲视图窗格或幻灯片浏览视图中，选择需移动或复制的幻灯片，先按快捷键"Ctrl+X"（移动）或"Ctrl+C"（复制），再在目标位置按快捷键"Ctrl+V"（粘贴）。

（3）删除幻灯片：在幻灯片/大纲视图窗格或幻灯片浏览视图中，选择需删除的一张或多张幻灯片后按"Delete"键，或者右击后在弹出的快捷菜单中选择"删除幻灯片"选项。

2.4.3 编辑与美化演示文稿

1. 设置幻灯片中文本的格式

设置幻灯片中文本的格式可以先选中文本，再在"开始"选项卡的"字体"组中进行常用的文本格式设置，也可以单击"字体"组右下角的箭头，在弹出的"字体"对话框中进行详细设置，如图 2-4-3 所示。

图 2-4-3 设置文本的格式

2. 插入艺术字

选择"插入"选项卡，单击"文本"组中的"艺术字"按钮，在弹出的快捷菜单中选择一个艺术字效果，如图 2-4-4 所示。

此时，幻灯片中将出现一个"请在此放置您的文字"占位符（以下简称占位符），单击占位符即可输入文字。同时，功能区选项卡上方会自动生成"绘图工具"功能的"格式"选项卡。在该选项卡的"艺术字样式"组中，可以对艺术字的样式、排列、大小等进行设置，如图 2-4-5 所示。

图 2-4-4　艺术字效果

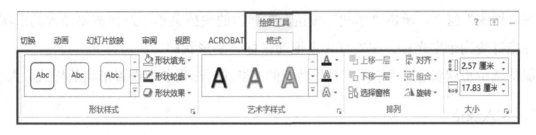

图 2-4-5　"绘图工具"功能的"格式"选项卡

3．插入图片

选择"插入"选项卡，单击"图像"组中的"图片"按钮，打开"插入图片"对话框，选择需要插入的图片，单击"插入"按钮。

选中图片后，功能区选项卡上方会自动生成"图片工具"功能的"格式"选项卡，如图 2-4-6 所示。在该选项卡中，可以对图片的样式、排列、大小等进行设置。

图 2-4-6　"图片工具"功能的"格式"选项卡

4．插入 SmartArt 图形

选择"插入"选项卡，单击"插图"组中的"SmartArt"按钮，打开"选择 SmartArt 图形"对话框，选择一个 SmartArt 图形布局样式后单击"确定"按钮。

选中 SmartArt 图形，功能区选项卡上方会自动生成"SMARTART 工具"功能的"设计"选项卡和"格式"选项卡。在"设计"选项卡中，可以对 SmartArt 图形的布局、样式等进行设置，如图 2-4-7 所示。在"格式"选项卡中，可以对 SmartArt 图形的样式、排列、等进行设置。"SMARTART 工具"功能的"格式"选项卡与"绘制工具"功能的"格式"选项卡相同，如图 2-4-5 所示。

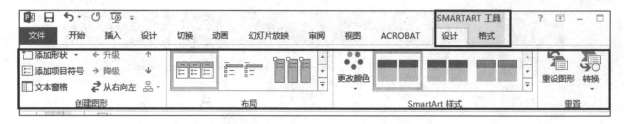

图 2-4-7 "SmartArt 工具"功能的"设计"选项卡

5. 插入形状

在"插图"组中,单击"形状"按钮,在弹出的快捷菜单中选择需要插入的形状,此时鼠标指针变为十字光标,在幻灯片上拖动鼠标绘制形状即可。

保持选中形状状态,"绘图工具"功能的"格式"选项卡中设置形状的样式、大小等。

6. 插入表格

插入表格的命令在"插入"选项卡下的"表格"组中。插入和设置表格的操作与 Word 中的完全一样。

7. 插入媒体文件

插入媒体文件的命令在"插入"选项卡下的"媒体"组(见图 2-4-8)中。在该组中,可以在幻灯片中插入视频、音频和屏幕录制内容。

图 2-4-8 "媒体"组

在插入媒体后,选中视频或音频,功能区选项卡上方会自动生成"视频工具"或"音频工具"功能的"格式"选项卡和"播放"选项卡。在"格式"选项卡中,可以对视频的样式、排列、大小等进行设置,如图 2-4-9 所示。在"播放"选项卡中,可以对音频的样式、音量等进行设置,如图 2-4-10 所示。

图 2-4-9 "视频工具"功能的"格式"选项卡

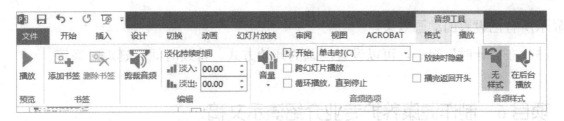

图 2-4-10　"音频工具"功能的"播放"选项卡

2.4.4　让演示文稿动起来

PPT 中提供了多种预设的切换动画和动画效果。

1．设置幻灯片的切换动画

（1）选中幻灯片后，选择"切换"选项卡（见图 2-4-11），在"切换到此幻灯片"组中选择切换效果，单击"计时"组中的"全部应用"按钮，可以设置切换时的声音、切换持续的时间。

（2）在"计时"组中，可以设置切换幻灯片的方式："单击鼠标时"或"设置自动换片时间"。

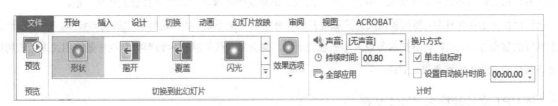

图 2-4-11　"切换"选项卡

2．设置幻灯片的动画效果

（1）选中要设置动画的文字、图形、图片等，选择"动画"选项卡（见图 2-4-12），在"动画"组中选择一种动画效果即可。

图 2-4-12　"动画"选项卡

（2）在"高级动画"组中，单击"添加动画"按钮，在弹出的快捷菜单中可以为元素设置更详细的动画效果；单击"动画窗格"按钮，打开动画窗格列表框（位于工作区右侧），

71

将显示所有已设置的动画效果。

（3）在"计时"组中，可以设置动画的开始方式、持续时间、延迟时间等。

项目 6 制作健康养护专业介绍演示文稿

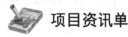 项目资讯单

学习任务名称	制作健康养护专业介绍演示文稿	学时	1
搜集资讯的方式	资料查询、现场考察、网上搜索		

聊聊我国的老龄化问题

国家卫健委提供的数据显示，截至 2021 年底，全国 60 岁及以上老年人口数量达 2.67 亿人，占总人口的 18.9%；65 岁及以上老年人口数量达 2 亿以上，占总人口的 14.2%。2035 年左右，60 岁及以上老年人口将突破 4 亿，在总人口中的占比将超过 30%，进入重度老龄化阶段。"4-2-1"型家庭结构，即 2 个中青年人要赡养 4 个老人、1 到 2 个孩子，这使子女陪伴老人的时间变少。

面对近年来人口老龄化程度加深的现实问题，我国实施积极应对人口老龄化国家战略，发展养老事业和养老产业，优化孤寡老人服务，推动实现全体老年人享有基本养老服务，全力守护最美"夕阳红"。

老龄事业发展公报显示，2021 年我国深入实施积极应对人口老龄化国家战略，对新时代老龄工作作出部署，加快建立健全相关政策体系和制度框架，要把积极老龄观、健康老龄化理念融入经济社会发展全过程。

我国已步入老年化社会，然而我国的养护服务基础设施普遍供给不足，特别是智能化的基础设施，智能化升级是未来发展的重要方向。同时，养护服务业人才需求的增加，掌握新一代信息技术和养护专业技能的相关人才较稀缺，因此该领域的专业人才培养迫在眉睫。

将 PPT 文件转换为 Word 文档

如果想把 PPT 文件中的文字内容提取到 Word 文档中，你会怎么办，要一段一段地复制、粘贴吗？

选择"文件"选项卡，选择"导出"选项，选择"创建讲义"选项，单击"创建讲义"按钮，如图 2-4-13 所示；在弹出的对话框中选中"只使用大纲"单选按钮，单击"确定"按钮。

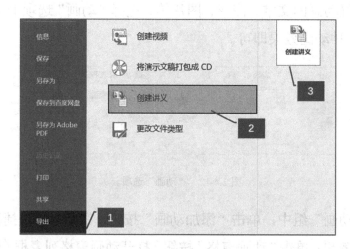

图 2-4-13 将 PPT 文件转换为 Word 文档

这种转换方式的前提是，在制作演示文稿时严格使用了幻灯片母版中内置的版式。

给每页幻灯片添加 Logo 或去除幻灯片母版中的水印

想为已经制作好的上百页幻灯片都添加 Logo，要手动一页一页地添加吗？当然不是！那要如何批量添加呢？

打开需要添加 Logo 的演示文稿，选择"视图"选项卡，在"母版视图"组中单击"幻灯片母版"按钮（见图 2-4-14）打开"幻灯片母版"窗口，将 Logo 插入到母版的首页幻灯片中。

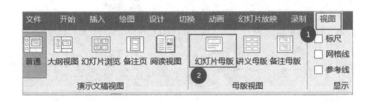

图 2-4-14　单击"幻灯片母版"按钮

根据需要调整 Logo 的位置和大小，在"幻灯片母版"选项卡的功能区中单击"关闭母版视图"按钮，退出"幻灯片母版"窗口，如图 2-4-15 所示。

图 2-4-15　退出"幻灯片母版"窗口

通过上述操作，无论有多少页幻灯片，都可以快速地添加、删除、修改 Logo，也可以去除幻灯片母版中的水印。

批量插入多张图片

在使用 PPT 时，如果想要一次性插入多张图片，则可以利用相册功能来实现，无论有多少张图片，都可以一次性插入，并且所有图片插入至一张幻灯片中。

（1）选择"插入"选项卡，单击"图像"组中的"相册"按钮，在弹出的快捷菜单中选择"新建相册"选项（见图 2-4-16），弹出"相册"对话框。

图 2-4-16　选择"新建相册"选项

（2）在"相册"对话框中，单击"文件/磁盘"按钮（见图 2-4-17（a）），在弹出的"插入新图片"对话框中选择要插入的图片，单击"插入"按钮（见图 2-4-17（b）），返回"相册"对话框，单击"创建"按钮。

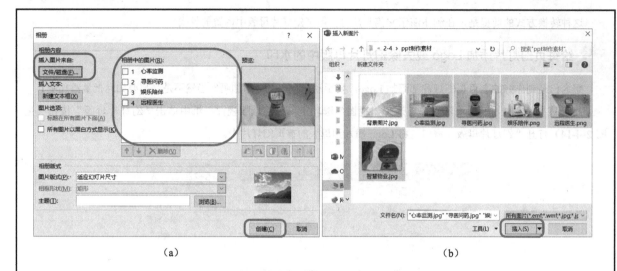

（a） （b）

图 2-4-17 创建相册

给 PPT 文件加密

重要的 PPT 文件要做好保密工作，可以对其进行加密，步骤如下。

（1）打开 PPT 文件，选择"文件"选项卡，选择"信息"选项，单击"保护演示文稿"按钮，在弹出的快捷菜单中选择"用密码进行加密"选项，如图 2-4-18 所示。

（2）在"加密文档"对话框的"密码"文本框中输入密码，单击"确定"按钮，如图 2-4-19 所示。

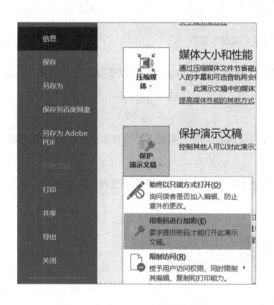

图 2-4-18 加密 PPT 文件的步骤 1

图 2-4-19 加密 PPT 文件的步骤 2

学生资讯补充：

对学生的要求	1．熟悉演示文稿的基本制作方法； 2．熟练掌握幻灯片切换动画的设置方法； 3．熟练掌握幻灯片动画效果的设置方法； 4．掌握运用 PowerPoint 2016 制作图文并茂的演示文稿
参考资料	

 项目实施单

学习任务名称	制作健康养护专业介绍演示文稿		学时	2
序号	实施的具体步骤	注意事项	自评	
1	收集资料			
2	新建演示文稿			
3	设置幻灯片母版，统一风格			
4	制作幻灯片			
5	设置超链接			
6	设置幻灯片的切换动画和动画效果			

任务　为学校招生制作健康养护专业宣传演示文稿

1．收集资料

收集"健康养护"的主题图片、文字、视频等资料。

2．新建演示文稿

（1）右击桌面空白处，在弹出的快捷菜单中选择"新建"→"Microsoft PowerPoint 演示文稿"选项。

（2）将文件重命名为"健康养护专业介绍.pptx"，并双击其打开，选中第 1 张幻灯片，单击"开始"选项卡的"幻灯片"组中的"版式"按钮，在弹出的快捷菜单中选择"空白"选项，如图 2-4-20 所示。

3．设置幻灯片母版，统一风格

选择"视图"选项卡，单击"母版视图"组中的"幻灯片母版"按钮，打开"幻灯片母版"窗口，在母版的首页幻灯片中插入图片"logo.jpg"和"dibu.jpg"，并调整到合适位置。选中两个图片后右击，在弹出的快捷菜单中选择"置于底层"选项。图 2-4-21 所示为幻灯片母版设置效果。

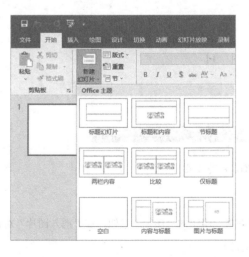

图 2-4-20　设置幻灯片版式　　　　　　　　图 2-4-21　幻灯片母版设置效果

75

4. 制作幻灯片

（1）制作第 1 张幻灯片。

① 单击"插入"选项卡的"插图"组中的"形状"按钮，在弹出的快捷菜单中选择矩形，在幻灯片上拖动鼠标，绘制图形。在"绘制工具"功能的"格式"选项卡中，将形状填充设置为标准色-黑红，形状轮廓设置为无轮廓，大小设置为宽 32cm、高 4.36cm。

② 单击"插入"选项卡的"文本"组中的"艺术字"按钮，在弹出的快捷菜单中选择填充-白色、轮廓-着色 2、清晰阴影-着色 2 艺术字效果，在占位符中输入文字"健康养护专业介绍"。

③ 保持选中艺术字状态，在"艺术字样式"组中，将文本填充设置为白色，文本轮廓设置为无轮廓，字体设置为宋体、60 号，适当调整艺术字位置，效果如图 2-4-22 所示。

健康养护专业介绍

图 2-4-22　艺术字效果

（2）制作第 2 张幻灯片——目录。

① 单击"插入"选项卡的"插图"组中的"形状"按钮，在弹出的快捷菜单中选择矩形，将形状填充设置为黑色，大小设置为宽 0.5cm、高 1.5cm。用同样的方法插入一个深红色、高 1.5cm、宽 2.1cm 的矩形。

② 插入一个黑色、粗细为 6 磅的直线。

③ 插入一个填充-蓝色、着色 1-背景 1、清晰阴影-着色 1 的艺术字效果，在占位符中输入文字"目录"。

④ 保持选中艺术字状态，在"艺术字样式"组中，将文本填充设置为蓝色-着色 1、深色 50%，文本轮廓设置为无轮廓，字体设置为微软细黑、32 号。

⑤ 插入一个圆角矩形框，将形状填充设置为蓝色-着色 1、深色 25%，形状轮廓设置为无轮廓，形状效果设置为发光、蓝色、8pt 发光、着色 5，映像设置为半映像、接触；在占位符中输入文字"智慧健康养护行业背景概述"，将字体设置为微软细黑、20 号、加粗、白色。

⑥ 通过复制已制作完成的目录项制作其他目录项并修改文字，效果如图 2-4-23 所示。

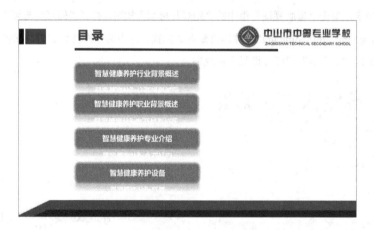

图 2-4-23　目录页幻灯片的效果

（3）制作第 3 张幻灯片。

① 插入一张新的空白幻灯片，单击"插入"选项卡的"图像"组中的"图片"按钮，在"插入图片"对话框中选择素材文件夹中的"背景.jpg"，调整图片，使其覆盖整张幻灯片。

② 插入一个高 6.8cm、宽 32cn 的矩形，将形状填充设置为黑色；在占位符中输入文字"智慧健康养护行业背景

概述"，将字体设置为微软细黑、44 号、加粗、白色。

③ 用同样方法插入一个红色、高 6.35cm、宽 5.95cm 的矩形，以及深红色、高 1.36cm、宽 7.04cm 的梯形，在矩形框中输入数字"1"，将字体设置为微软细黑、96 号、加粗、白色，效果如图 2-4-24 所示。

图 2-4-24　第 3 张幻灯片的效果

（4）制作第 4 张幻灯片——智慧健康养护行业背景概述。

① 右击第 2 张幻灯片，在弹出的快捷菜单中选择"复制幻灯片"选项，拖动复制的幻灯片到第 4 张幻灯片的位置，删掉其中不需要的内容。

② 在标题处插入一个文本框，输入文字"1.行业背景"，将字体设置为微软细黑、28 号、黑色、加粗。

③ 插入一个深红色、宽 10cm、高 1cm 的矩形，输入文字"1. 社会对养护服务的需求高涨"，将字体设置为微软细黑、16 号。

④ 插入一个文本框，输入文字"随着人口老龄化的加剧，老人对养护服务及精神慰藉等方面需求的逐步增长，社会需要更多从事该领域的专业性人才。"，将字体设置为微软细黑、16 号。

⑤ 选中步骤③、④中制作的矩形和文本框，连续复制和粘贴 3 次，并修改文字，效果如图 2-4-25 所示。

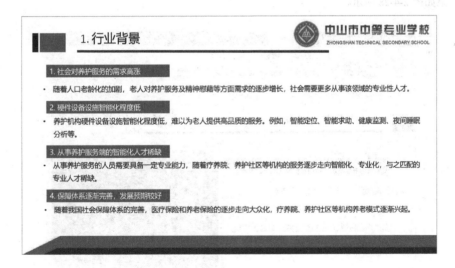

图 2-4-25　第 4 张幻灯片的效果

（5）制作第 5 张幻灯片。

右击第 3 张幻灯片，在弹出的快捷菜单中选择"复制幻灯片"选项，拖动复制的幻灯片到第 5 张幻灯片的位置，修改文字，效果如图 2-4-26 所示。

（6）制作第 6 张幻灯片——职业背景介绍。

复制第 4 张幻灯片，删除其中不需要的内容，插入一个新的文本框，在文字素材中找到相应文字，并复制到文本框中，效果如图 2-4-27 所示。

图 2-4-26　第 5 张幻灯片的效果

77

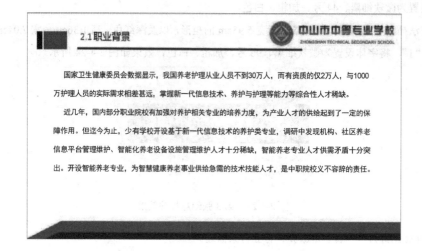

图 2-4-27　第 6 张幻灯片的效果

（7）制作第 7 张幻灯片——智慧养护的人才需求。

① 复制第 6 张幻灯片，替换文本框中的内容，调整文本框的大小并将其移至左侧。

② 单击"插入"选项卡的"媒体"组中的"视频"按钮，在"插入视频文件"对话框中选择素材文件夹中的视频文件"智慧养老.mp4"，在右侧空白处插入一个视频；单击"格式"选项卡的"视频样式"组中的"圆形对角、白色"按钮。

③ 选择"播放"选项卡的"开始"下拉列表中的"自动"选项，勾选"播放完毕返回开头"复选框。第 7 张幻灯片的效果如图 2-4-28 所示。

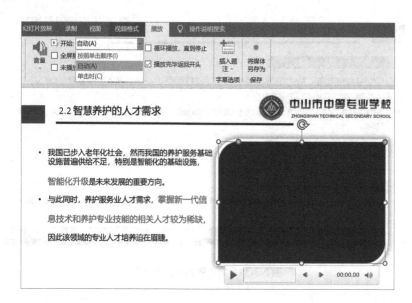

图 2-4-28　第 7 张幻灯片的效果

（8）制作第 8 张幻灯片，效果与第 5 张幻灯片一样，将标题修改为"智慧健康养护专业介绍"。

（9）制作第 9、10 张幻灯片（参考第 6 张幻灯片的制作方法），效果如图 2-4-29 和图 2-4-30 所示。

（10）制作第 11 张幻灯片，效果如图 2-4-31 所示。

（11）制作第 12 张幻灯片，效果与第 5 张幻灯片一样，将标题修改为"常见智慧健康养护设备介绍"。

（12）制作第 13 张幻灯片，效果如图 2-4-32 所示。

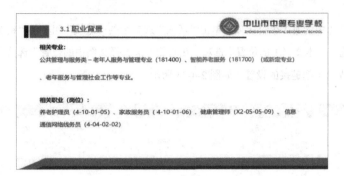

图 2-4-29　第 9 张幻灯片的效果

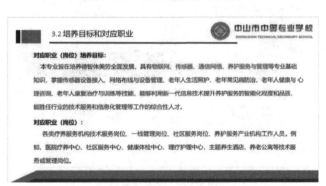

图 2-4-30　第 10 张幻灯片的效果

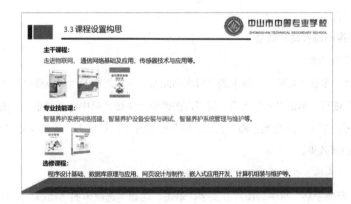

图 2-4-31　第 11 张幻灯片的效果

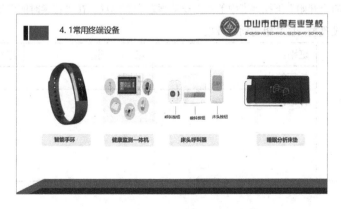

图 2-4-32　第 13 张幻灯片的效果

5. 设置超链接

（1）选中第 2 张幻灯片中的第 1 个目录项，单击"插入"选项卡的"链接"组中的"链接"按钮；在弹出的"插入超链接"对话框中，选择"本文档中的位置"选项，在右侧"请选择文档中的位置"选区选择"3.幻灯片 3"选项，单击"确定"按钮，完成一个超链接的设置，如图 2-4-33 所示。

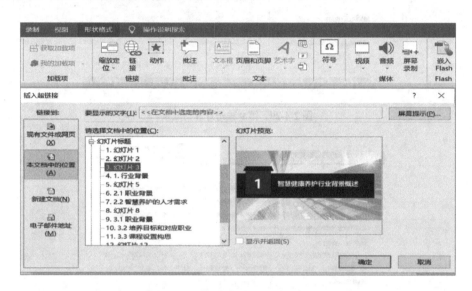

图 2-4-33　设置超链接

（2）用同样的方法，将第 2 个目录项链接到第 5 张幻灯片上，第 3 个目录项链接到第 8 张幻灯片上，第 4 个目录项链接到第 12 张幻灯片上。

6. 设置幻灯片的切换动画和动画效果

（1）设置幻灯片的切换动画。

选中任意一张幻灯片，单击"切换"选项卡的"切换到此幻灯片"组中的"切换效果"下拉按钮，在弹出的下拉列表中选择"随机线条"选项；单击"效果选项"按钮，在弹出的快捷菜单中选择"垂直"选项；勾选"计时"组中的"单击鼠标时"复选框，单击"应用到全部"按钮。每张幻灯片可以设置不同的切换方式。

（2）设置幻灯片的动画效果。

下面以第 13 张幻灯片为例，介绍设置幻灯片的动画效果。

① 拖动鼠标选中"智能手环"组中的图片及文字，单击"动画"选项卡的"动画"组中的"动画样式"下拉按钮，在弹出的下拉列表中选择"轮子"选项；单击"效果选项"按钮，在弹出的快捷菜单中选择"2 轮辐图案"选项。

② 选择"计时"组的"开始"下拉列表中的"上一动画之后"选项，在"持续时间"数值框中输入"03:00"。

③ 用同样的方法，设置剩余图片组的动画效果。

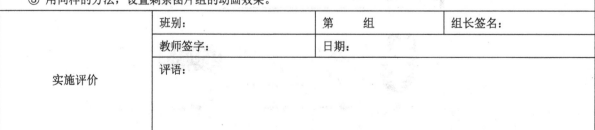

实施评价	班别：		第　　　组		组长签名：
	教师签字：		日期：		
	评语：				

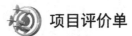 项目评价单

学习任务名称		制作健康养护专业介绍演示文稿			
序号	评价项目	评价子项目	学生/小组自评	组长/组间互评	教师评价
1	项目资讯(20分)	资讯效果			
2		收集资料			
3		新建演示文稿			
4		设置幻灯片母版，统一风格			
5	项目实施(60分)	制作幻灯片			
6		设置超链接			
7		设置幻灯片的切换动画和动画效果			
8	知识测评(20分)	制作一个介绍自己学校的演示文稿			
总分					

知识测评

操作题（每步骤 5 分，共 20 分）

制作一个介绍自己学校的演示文稿，要求如下。

1．将文件命名为"我的母校.pptx"。

2．至少包含 10 张幻灯片。

3．要包含图片、文字、艺术字、视频。

4．要设置幻灯片的切换动画。

评价	班别：	第　　组	组长签名：
	教师签字：	日期：	
	评语：		

81

第 3 章
认识计算机操作系统

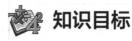 知识目标

（1）熟悉计算机操作系统的安装与备份。

（2）熟悉 IP 地址知识和共享网络资源的配置。

（3）熟悉计算机基本安全防护的设置。

 技能目标

（1）掌握安装计算机操作系统的技能。

（2）掌握局域网内 IP 地址的配置。

（3）掌握共享文件夹的设置。

（4）掌握计算机基本安全防护的设置。

3.1 安装与备份计算机操作系统

3.1.1 Windows 10 系统的常用工具

1. 设置

单击"开始"菜单按钮，在弹出的快捷菜单中选择"设置"选项，打开"Windows 设置"窗口（见图 3-1-1）。其中，包含了多种 Windows 系统设置，如常用的系统、个性化、

时间和语言、账户等。

图 3-1-1　"Windows 设置"窗口

2．任务管理器

当无法正常关闭软件时，可以打开任务管理器，在任务管理器中强制终止程序便可关闭该软件。任务管理器主要用于查看 CPU 和内存的使用情况，可以终止当前系统正在运行的应用程序或进程。终止程序或进程的步骤如下。

（1）打开任务管理器常用的 3 种方式如下。

方式 1：右击任务栏的空白处，在弹出的快捷菜单中选择"任务管理器"选项。

方式 2：按快捷键"Ctrl+Alt+Delete"，进入 Windows 系统安全桌面，选择"任务管理器"选项。

方式 3：在任务栏的搜索框中输入"taskmgr"后，再按"Enter"键，直接打开"任务管理器"窗口。

"任务管理器"窗口如图 3-1-2 所示。

（2）终止任务管理器中的应用或进程。

在"任务管理器"窗口中，选择"详细信息"选项卡，可以看到应用和进程。假设要终止 Microsoft Edge 应用，则选中"Microsoft Edge"选项后单击"结束任务"按钮。

图 3-1-2　"任务管理器"窗口

3．虚拟桌面

Windows 10 系统虚拟桌面能为用户创建多个虚拟桌面，用户可将同类工作或生活的程序放在一个桌面，其他类工作或生活的程序放在另一个桌面，实现不同桌面做不同的事情，互不干扰。创建虚拟桌面的步骤如下。

（1）在"开始"菜单按钮的右侧，找到"任务视图"图标（见图 3-1-3），单击即可打开"虚拟桌面"窗口。

（2）在"虚拟桌面"窗口中，单击"新建桌面"按钮即可创建虚拟桌面，可以创建多个虚拟桌面。新虚拟桌面创建成功后，"虚拟桌面"窗口会显示"桌面 1""桌面 2"，如图 3-1-4 所示。

图 3-1-3　"任务视图"图标　　　　　　　　图 3-1-4　虚拟桌面

（3）选择"桌面 1"选项后，打开相应程序，该程序将在"桌面 1"中显示。例如，在"桌面 1"中使用工作类的程序，在"桌面 2"中使用生活类的程序，两个虚拟桌面互相独立，可以选择打开任意一个。

（4）使用快捷键"Windows+Tab"即可切换虚拟桌面。

（5）关闭虚拟桌面。假设不想使用"桌面 2"了，则打开"虚拟桌面"窗口，将鼠标指针移到"桌面 2"上，此时右上角会出现"×" ✕ 按钮，单击该按钮即可。

3.1.2　安装计算机操作系统

1. 安装操作系统的方法

随着技术的发展，操作系统的安装越来越简单，方法也很多样。

第 1 种安装方法：光盘安装，适用于有光驱的计算机，这也是操作系统原始的安装方法之一。

第 2 种安装方法：U 盘安装，适用于有 USB 接口的计算机，是目前主流的安装方式。只需把 Windows 10 系统的光盘镜像 ISO 下载到 U 盘中，做成系统启动盘即可。特点：安装速度快。

第 3 种安装方法：计算机上安装了操作系统，可以直接升级系统。

备注：在虚拟机上安装操作系统的方法与物理计算机上的方法基本相同。

2. 安装操作系统的步骤

1）准备好光盘或 U 盘启动盘

U 盘启动盘是指用 U 盘来启动操作系统的软件，能在内存中运行 Windows PE 系统。

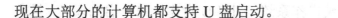

现在大部分的计算机都支持 U 盘启动。

有些计算机没有光驱，需要使用 U 盘安装操作系统，可以先制作 U 盘启动盘。

2）设置 BIOS

BIOS（Basic Input and Output System，基本输入输出系统）设置程序保存在计算机主板上的一块 ROM 中，主要功能是为计算机提供硬件设置和控制，包括在用户开机时进行加电自检，系统信息设置、系统启动自举（当计算机启动时，读取磁盘引导记录，加载操作系统）。

BIOS 的应用场合如图 3-1-5 所示。

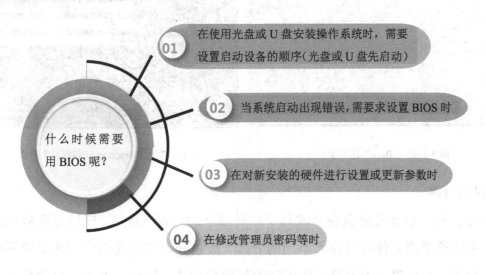

图 3-1-5　BIOS 的应用场合

根据制造厂商的不同，BIOS 的类型也不同，主要有 Award BIOS、AMI BIOS、Phoenix BIOS 三种。因此，打开 BIOS 设置主界面的方法也不同，通常是按"F12"键、"F10"键、"F2"键、"Delete"键或"ESC"键。一般，当计算机开机进入自检模式时，会提示按哪个快捷键。当看到屏幕画面时，要连续按 BIOS 启动键，随后便可打开 BIOS 设置主界面。

以 U 盘启动安装操作系统为例，设置 BIOS 的步骤如下。

第 1 步：按开机按钮后，立刻快速重复按 BIOS 启动键，打开 BIOS 设置主界面。

第 2 步：在 BIOS 设置主界面中，设置第一启动项（启动优先级）。选择"Boot"选项卡（见图 3-1-6），设置第一启动项，通常是 Removable Devices 或 CD-ROM Drive。如果使用 U 盘中的镜像文件安装操作系统，则选择"Removable Devices"选项，使用"+"或"−"键将其移至第一位，即可设置为第一启动项，进入 EXT 菜单保存后，退出 BIOS；如果使用光盘安装操作系统，则应选中"CD-ROM Drive"选项，将其移至第一位。

至此，BIOS 设置完成。

完成 BIOS 设置后，如果使用 U 盘安装操作系统，则将 U 盘作为第一启动项后，重启计算机，系统将根据所设置的第一启动项，自动进入 U 盘中的安装程序；如果使用光盘安装操作系统，则将 CD-ROM Drive 作为第一启动项后，重启计算机，自动进入 CD-ROM Drive 中的安装程序，出现如图 3-1-7 所示的界面。

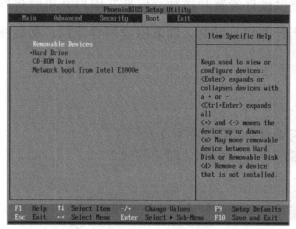

图 3-1-6　"Boot"选项卡

图 3-1-7　"Windows 安装程序"界面

3）设置分区

分区是指将一块物理磁盘划分成几个相对独立的逻辑性区域，能够更高效地储存和管理数据，不同类型的文件可以存入不同的分区。被划分出来的逻辑区域常见的驱动器名称有 C 盘、D 盘、E 盘等。由于没有使用过的新硬盘无法直接读写数据，因此在安装操作系统之前，要先对硬盘进行分区。

在开始分区之前，主要考虑几点：主分区的空间要足够，各个分区容量要合理，选择可靠性强的文件系统。

设置分区如图 3-1-8 所示。将空间分配为 3 个分区，先选择"驱动器 0 未分配的空间"选项，再单击"新建"按钮，分配第 1 个分区的大小；依次选择未分配的空间，单击"新建"按钮，直至完成空间分配，如图 3-1-9 所示。

4）安装操作系统

根据安装提示"你想将 Windows 安装在哪里？"，选择操作系统安装位置，通常安装在第一个设置的主分区（系统保留的除外），即 C 盘。先选择"驱动器 0 分区 2"选项（见图 3-1-10），单击"下一步"按钮，再根据提示安装操作系统。

在安装操作系统的过程中，根据提示设置区域、键盘布局、账户、账户密码、隐私，创建 3 个安全问题等，即可完成操作系统的安装。

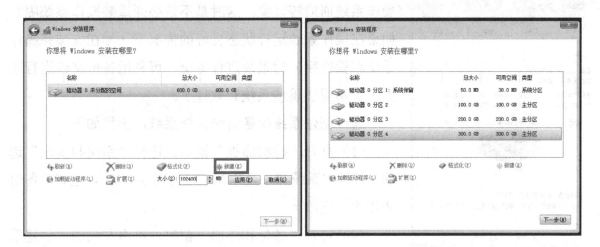

图 3-1-8 设置分区   图 3-1-9 完成空间分配

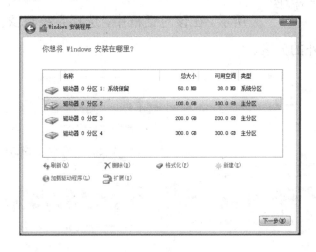

图 3-1-10 选择分区

3.1.3 维护与备份 Windows 10 系统

1. 磁盘清理

计算机使用一段时间后，磁盘中会产生大量、不连续的文件碎片和数据垃圾（如临时文件、缓存、错误报告文件、缩略图、Windows 更新清理文件等），拖慢计算机的运行速度。用户可以利用系统自带的磁盘清理功能来清理垃圾，以提高计算机的运行速度。

例如，对 C 盘进行磁盘清理，右击"C 盘"，在弹出的快捷菜单中选择"属性"选项，打开"本地磁盘属性"对话框（见图 3-1-11）；选择"常规"选项卡，单击"磁盘清理"按钮，勾选需要删除的文件，单击"确定"按钮。

2. 备份与还原操作系统

用户在使用计算机的过程中，可能会遇到计算机病毒入侵、计算机的运行速度非常慢、

图 3-1-11 "本地磁盘属性"对话框

操作系统崩溃等现象，这时是不是必须重装操作系统呢？如果在操作系统运行状态良好的情况下（如在安装完操作系统和软件后）对系统进行备份，可利用备份文件进行还原，就不需要重装系统和软件了。

通过创建系统映像备份操作系统，步骤如下。

（1）打开"控制面板"窗口，选择"系统和安全"选项，打开"系统和安全"窗口（见图 3-1-12），选择"备份和还原"选项。

（2）打开"备份和还原"窗口，单击左侧的"创建系统映像"按钮，打开"创建系统映像"对话框，如图 3-1-13所示。在该对话框中，选择系统映像在硬盘上的存储位置，一般存储在系统盘之外的分区。

图 3-1-12 "系统和安全"窗口   图 3-1-13 "创建系统映像"对话框

（3）根据引导进行备份，备份时间较长。

（4）完成备份后，当需要还原操作系统时就可以使用该文件了。

通过系统映像还原操作系统，步骤如下。

（1）打开"控制面板"窗口，选择"系统和安全"选项，打开"系统和安全"窗口，选择"备份和还原"选项，打开"备份和还原"窗口，如图 3-1-14 所示。在该窗口中，单击"选择其他用来还原文件的备份"按钮。

（2）使用之前创建的系统映像恢复操作系统，按照提示操作即可还原系统，如图 3-1-15所示。

图 3-1-14　"备份和还原"窗口　　　　　　　　图 3-1-15　还原操作系统

除了 Windows 系统自带的工具，还可以使用第三方软件备份与还原操作系统。

项目 7　在虚拟机上安装操作系统

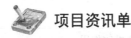 项目资讯单

学习任务名称	在虚拟机上安装操作系统	学时	1
搜集资讯的方式	资料查询、网上搜索		

我国要有自己的操作系统

2022 年 7 月 27 日，华为公司召开 HarmonyOS 3 发布会，华为鸿蒙设备数量突破 3 亿。这是继 2019 年 8 月 10 日发布鸿蒙操作系统后，从 2.0 到 3.0，鸿蒙在各方面的性能进一步提升。

操作系统作为智能设备的灵魂，过去很长一段时间，我们一直缺乏一定程度自主可控的操作系统。特别是 2008 年微软的"黑屏事件"，技术被人"卡脖子"的感受特别难受，我国在很多关键技术上依赖发达国家，唯有发展增强自己的核心技术才能避免受制于其他国家。近几年，国产操作系统也在不断地更新，涌现了一批优秀的国产操作系统。国产操作系统均是基于 Linux 内核的二次开发，主要有深度 Linux、安超 OS、优麒麟（UbuntuKylin）、中标麒麟（NeoKylin）、起点操作系统、共创 Linux、思普操作系统、中科方德桌面操作系统、普华 Linux、中兴新支点操作系统、红旗 Linux、UOS（统信操作系统）、AliOS（阿里云系统）、openEuler、HopeEdgeOS（面向物联网领域操作系统）、鸿蒙 OS 等。其中，麒麟和统信在服务器和桌面级市场取得不错成绩，是国产系统的代表。

我们要大力提升自主创新能力，尽快突破关键核心技术，这是关系我国发展全局的重大问题，也是形成以国内大循环为主体的关键。实践反复告诉我们，核心技术是无法轻易获得的，只有把核心技术掌握在自己手中，才能从根本上保障国家经济安全、国防安全和其他安全。

技术要发展，国家就必须拥有自己的操作系统，这样才能在信息安全领域有话语权。银河麒麟操作系统能适应 5G 时代需求，实现了多端融合，打通了手机、平板电脑和 PC 的壁垒，V10 以上版本已具备很高的安全等级，应用于很多重要行业。麒麟操作系统如今已应用于党政、金融、交通、能源等多个关键领域，为我国航天保驾护航，助力

嫦娥探月、天问一号顺利完成任务。

正是麒麟的工程师们日复一日地开发、研究，攻关"卡脖子"的技术问题，我们才有了"国之重器"的核心技术。

虚拟机

所谓虚拟机，是指一个虚拟的计算机，即在现有计算机上通过软件模拟出来的、具有完整硬件功能的、能独立运行在完全隔离环境中的计算机。虚拟机可以像物理计算机一样安装操作系统、使用软件、存储文件等，功能与物理计算机相同，并且不会影响物理计算机。虚拟机使一台计算机上可以安装多个操作系统，而且各个操作系统互相独立运行。

目前，能在 Windows 系统上运行虚拟机的主流软件有 VMware、Virtual Box、Virtual PC 等。

镜像文件

光盘镜像文件是存储格式与源光盘文件一致的，能真实反映光盘的内容和完整结构。它可以由镜像文件制作软件制作而成。常见的镜像文件格式为 ISO，扩展名为.iso、.vcd、.bin 等。镜像文件的出现极大地方便了网络传播，人们可以利用镜像文件刻录与源光盘一样的光盘，或者将其放在硬盘上，利用虚拟光驱模拟成真实的光盘。

学生资讯补充：	
对学生的要求	1．了解虚拟机的作用； 2．了解镜像文件
参考资料	

项目实施单

学习任务名称	在虚拟机上安装操作系统		学时	2
序号	实施的具体步骤	注意事项	自评	
1	安装虚拟机			
2	在虚拟机上安装 Windows 10 系统			

任务 1　安装虚拟机

1．准备好项目所需的硬件设备及软件

找到需要在计算机上安装的虚拟机软件。

2．安装虚拟机

（1）打开虚拟机软件，单击"主页"窗口中的"创建新的虚拟机"按钮，打开"新建虚拟机向导"对话框（见图 3-1-16），单击"下一步"按钮。

（2）使用默认选项，单击"下一步"按钮。此时，既可以选择"安装程序光盘映像文件"单选按钮，也可以选择"稍后安装操作系统"单选按钮，这里选择"稍后安装操作系统"单选按钮，如图 3-1-17 所示。

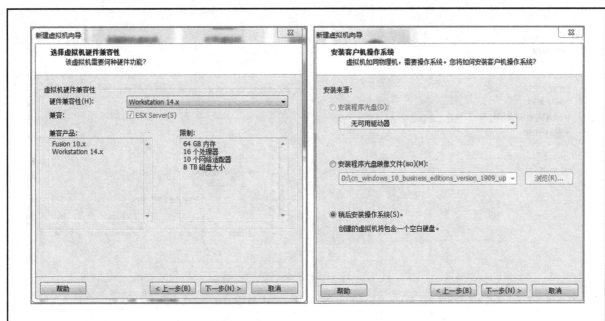

图 3-1-16　"新建虚拟机向导"对话框 1　　　　图 3-1-17　"新建虚拟机向导"对话框 2

（3）根据要安装的操作系统的版本，选择要安装的操作系统为"Microsoft Windows"，版本为"Windows 10 x64"，如图 3-1-18 所示。为虚拟机命名和选择安装位置，安装位置一般选择磁盘容量比较大的，以供虚拟机存放数据和使用。

（4）选择虚拟机使用的固件类型，如图 3-1-19 所示。此时，既可以选择 BIOS 引导设备及设置处理器内核，也可以选择 UEFI 引导设备及设置处理器内核。选择的固件类型不一样，BIOS 设置界面也不一样。

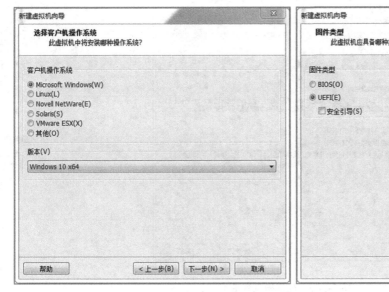

图 3-1-18　选择操作系统

图 3-1-19　选择固件类型

（5）配置处理器和内核的数量，如图 3-1-20 所示。

（6）配置虚拟机的内存，如图 3-1-21 所示。

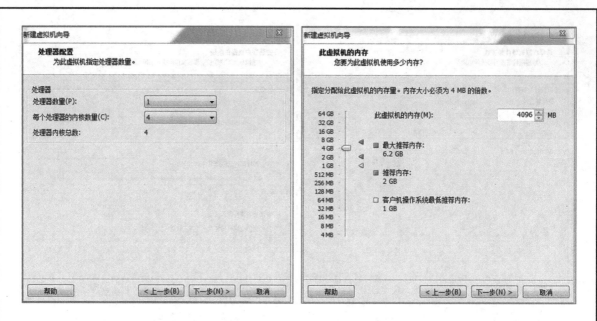

图 3-1-20　配置处理器和内核的数量　　　　　　　图 3-1-21　配置虚拟机的内存

（7）按照提示依次设置网络类型、I/O 控制器类型、磁盘类型、创建新的或使用原有磁盘。这 4 处设置均使用虚拟机中推荐的类型即可。

（8）根据需要，为虚拟机分配磁盘容量，磁盘容量可超过建议大小，如图 3-1-22 所示。

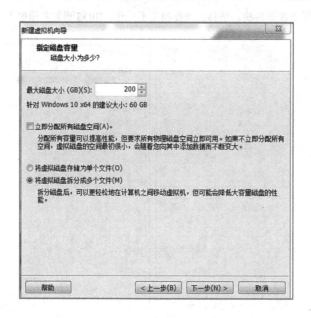

图 3-1-22　配置磁盘容量

按照向导，完成虚拟机的创建。

任务 2　在虚拟机上安装 Windows 10 系统

在虚拟机上安装 Windows 10 系统的步骤如下。

（1）操作系统光盘镜像在本地 D 盘中，双击 "CD/DVD" 选项（见图 3-1-23），为虚拟机的 CD/DVD 添加光盘镜像文件；勾选 "启动时连接" 复选框，选中 "使用 ISO 映像文件" 单选按钮，单击 "浏览" 按钮（见图 3-1-24），找到 Windows 10 系统的 .iso 光盘镜像文件，将其加载进来，此虚拟机即可从光盘启动，单击 "确定" 按钮。

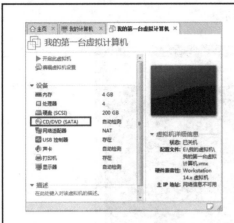

图 3-1-23　双击"CD/DVD"选项

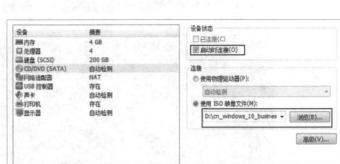

图 3-1-24　选择镜像文件

（2）在如图 3-1-25 所示的窗口中，单击"开启此虚拟机"按钮，打开如图 3-1-26 所示的窗口，按照提示按任意键，虚拟机将自动从光盘中启动。

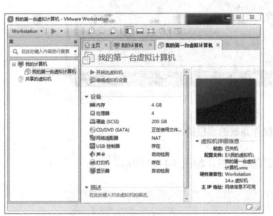

图 3-1-25　虚拟机窗口

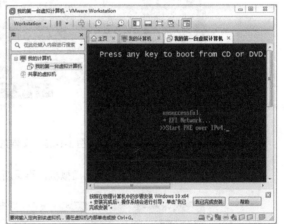

图 3-1-26　虚拟机提示窗口

（3）按照提示进行安装，安装需要一段时间，耐心等待。选择要安装的语言、时间格式、键盘输入法等；选择要安装的 Windows 系统的版本。

（4）按照向导，设置操作系统的安装位置后，虚拟机将自动安装操作系统。安装步骤与物理计算机上的步骤相同，包括设置分区，选择区域，键盘布局，输入自己为虚拟机设置的账号、密码，创建 3 个安全问题。

（5）选择执行安装类型，如图 3-1-27 所示。

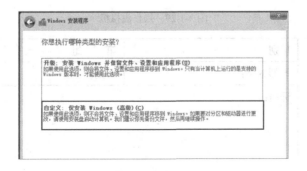

图 3-1-27　选择执行安装类型

（6）等待几分钟后，在虚拟机上安装操作系统完成，如图 3-1-28 所示。

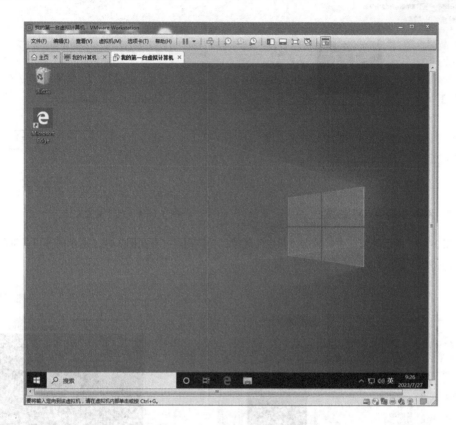

图 3-1-28　安装完操作系统的虚拟机

打开浏览器，上网浏览信息。先关闭虚拟机，再重新启动虚拟机，如图 3-1-29 所示。

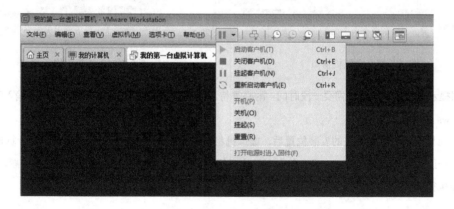

图 3-1-29　操作虚拟机

实施评价	班别：		第　　组		组长签名：
	教师签字：		日期：		
	评语：				

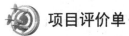 **项目评价单**

学习任务名称		在虚拟机上安装操作系统			
序号	评价项目	评价子项目	学生/小组自评	组长/组间互评	教师评价
1	项目资讯（20分）	资讯效果			
2	项目实施（60分）	安装虚拟机			
3		在虚拟机上安装 Windows 系统			
4	知识测评（20分）				
	总分				

知识测评

一、填空题（每空 1 分，共 10 分）

1. _____是一个虚拟的计算机，即在现有计算机上通过软件模拟出来的、具有完整_____功能的、能独立运行在完全隔离环境中的_____。

2. 常见的镜像文件格式为_____，扩展名为_____、_____、_____等。

3. 常用的操作系统的安装方法有_____、_____和_____。

二、思考题（10 分）

家里有一台计算机，安装了 Windows 11 版本的系统。现在要安装一个学习软件，软件的安装环境要求在 Windows 10 版本以下的系统上，请你根据本项目，完成如图 3-1-30 所示的方框图。

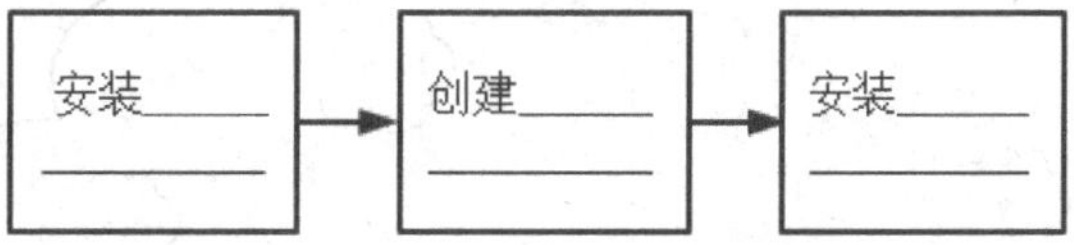

安装_____ → 创建_____ → 安装_____

图 3-1-30　方框图

评价	班别：		第　　　组		组长签名：
	教师签字：		日期：		
	评语：				

95

3.2　设置上网 IP 地址与共享网络

计算机网络至今共经历了 4 个阶段（见图 3-2-1），从原来的单一网络发展为现在的互联、智能、高速、资源共享的，以 Internet 为代表的互联网。

Internet 通过 TCP/IP 协议将遍及全球的计算机连接起来（见图 3-2-2），为上网用户提供了各个领域信息的资源网。

1987 年 9 月，北京的计算机应用研究所向世界发出了第一封电子邮件，拉开了我国使用互联网的序幕。1994 年，中关村网与 Internet 相连，从此我国与 Internet 实现了全功能的连接。自 1997 年以后，我国 Internet 进入了快速发展阶段。

Internet 采用开放性的 TCP/IP 协议。TCP/IP 协议是传输控制/网际协议，能够在多个不同网络间实现数据传输，以 TCP 协议和 IP 协议为典型代表的协议簇（有上百个协议）。其中，TCP 协议用于确保数据传输过程的完整性和准确性，IP 协议主要负责将数据传送到目的地址。

图 3-2-1　计算机网络的发展阶段

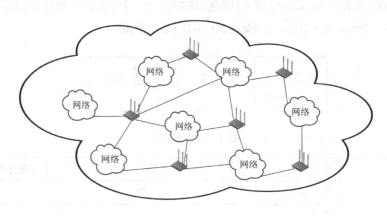

图 3-2-2　Internet

了解上网 IP 地址

1. IP 地址

IP 地址是 TCP/IP 协议为网络中的计算机分配的地址。每台主机的 IP 地址在全球是唯一的。以目前广泛应用的 IPv4 为例，IP 地址由 32 位二进制数字组成，每 8 位二进制数字为一个字节，每个 IP 地址都包括地址类别、网络号和主机号。

1）IP 地址的表示法

二进制法：将 32 位二进制数字分成 4 个 8 位二进制数字，如 11000000 10101000 00000001 00000101。

点分十进制法：将二进制法中 4 个 8 位二进制数字分别用十进制数字表示，中间用

"."分开，如图 3-2-3 所示。二进制法的 IP 地址用点分十进制法表示为 192.168.1.5。

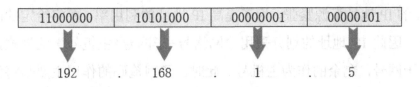

图 3-2-3　点分十进制法

2）IP 地址的分类

IP 地址主要包括两部分内容：网络号和主机号。网络号表示所属网络的编号，主机号表示在所属网络中该主机的编号。

IP 地址将网络地址分为 5 类，如图 3-2-4 所示。

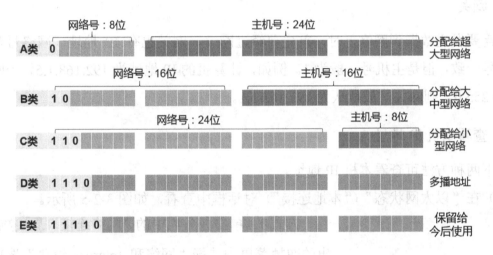

图 3-2-4　IP 地址分类

A 类 IP 地址：主要分配给超大型网络使用。最高位为 0，表示地址类别是 A 类的网络，前 8 位是网络号，后 24 位是主机号。

B 类 IP 地址：主要分配给大中型网络使用。最高 2 位为 10，表示地址类别是 B 类的网络，前 16 位是网络号，后 16 位是主机号。

C 类 IP 地址：主要分配给小型网络使用。最高 3 位为 110，表示地址类别是 C 类的网络，前 24 位是网络号，后 8 位是主机号。

D 类 IP 地址：属于多播地址。最高 4 位为 1110，表示地址类别是 D 类的网络。

E 类 IP 地址：保留给今后使用。最高 5 位是 11110，表示地址类别是 E 类的网络。

目前常用的是 A、B、C 三类 IP 地址，也有一些 IP 地址用于特殊用途。例如，主机号全为 1 的 IP 地址是广播地址，主机号全为 0 的地址是网络地址。

由于 32 位的 IPv4 地址即将耗尽，所以人们研究并提出了具有更大空间的 IP 协议，即 IPv6。IPv6 的 IP 地址由 128 位二进制数字组成，可分配地址比 IPv4 的可分配地址多很多。

2．子网掩码

由于 IPv4 的 IP 地址资源紧张，为了提高 IP 地址的利用率，要将给定的网络划分成不同的几个子网，因此 IP 地址的划分采用"网络号+子网号+主机号"的形式，将原主机号的高几位用于子网号，剩余的作为主机号。此时，子网掩码的作用主要是将大网络分割为小网络，用于计算主机的网络号（网络号+子网号）。子网掩码与 IP 地址按位相"与"即可求出 IP 地址的网络地址。

子网掩码是将 IP 地址的网络号的二进制数字全置为 1，将 IP 地址的主机号的二进制数字全置为 0，并用点分十进制法表示。例如，192.168.1.5 的子网掩码是 255.255.255.0，则可计算出该 IP 地址的网络地址为 192.168.1.0。

3．网关

当需要发送数据到网络上时，首先要经过网关。网关也有 IP 地址，网络号与计算机的网络号一致，但是主机号一般为 1。例如，计算机的 IP 地址为 192.168.1.5，子网掩码为 255.255.255.0，则网关一般默认为 192.168.1.1。

4．查看本机 IP 地址

以下两种方法可查看本机 IP 地址。

（1）在"以太网状态"（"本地连接"）对话框中查看，如图 3-2-5 所示。

图 3-2-5　"以太网状态"对话框

方式 1：单击任务栏中的"网络连接" 🖥 按钮，在弹出的快捷菜单中选择"网络和 Internet 设置"选项，打开"设置"窗口；单击"网络和共享中心"按钮，打开"网络和共享中心"窗口；单击左侧列表中的"更改适配器设置"按钮，打开"网络连接"窗口；双击"以太网"按钮打开"以太网状态"对话框。

方式 2：打开"控制面板"窗口，选择"网络和 Internet"选项，打开"网络和 Internet"窗口；单击"网络和共享中心"按钮，单击左侧列表中的"更改适配器设置"按钮，打开"网络连接"窗口；双击"以太网"按钮，打开"以太网状态"对话框。

在"以太网状态"对话框中，单击"详细信息"按钮，即可查看本机的 IP 地址、子网掩码、网关等信息，如图 3-2-6 所示。

（2）按快捷键"Windows+R"，打开"运行"对话框（见图 3-2-7），在"打开"文本框中输入"cmd"或"ipconfig"命令，同样可以查看本机的 IP 地址等信息，如图 3-2-8 所示。

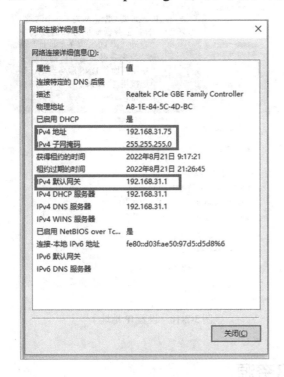

图 3-2-6 IP 地址信息 1

图 3-2-7 "运行"对话框

图 3-2-8 IP 地址信息 2

5. 设置本机 IP 地址

打开"以太网状态"（"本地连接"）对话框（见图 3-2-5），单击"属性"按钮，打开"以太网属性"对话框（见图 3-2-9）；双击"Internet 协议版本 4"选项，打开"Internet 协议版本 4 属性"对话框。在该对话框中设置 IP 地址，如图 3-2-10 所示。

这里可以选择自动获得 IP 地址，路由器会自动分配 IP 地址，也可以为计算机设定 IP 地址，即选中"使用下面的 IP 地址"单选按钮，为计算机设定 IP 地址、子网掩码、默认网关等。

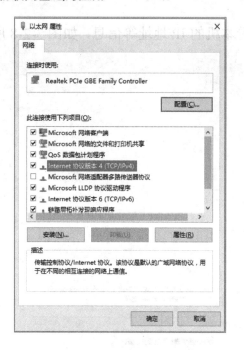

> ➢ IP 地址要与默认网关在一个网段
> ➢ DNS 服务器地址可以通过选中"自动获得 DNS 服务器地址"单选按钮来获得，也可以通过选中"使用下面的 DNS 服务器地址"单选按钮，并输入 114.114.114.114 来获得。

图 3-2-9 "以太网属性"对话框 　　　　　图 3-2-10 设置 IP 地址

项目 8　共享健康养护班级的网络资源

 项目资讯单

学习任务名称	共享健康养护班级的网络资源	学时	1
搜集资讯的方式	资料查询、网上搜索		

🔍 聊聊我国的共享养老

共享单车、共享书吧、共享养老等层出不穷，共享发展是社会发展的趋势。国内已经有多个社区正在探索共享养老。河北省承德市双桥区中华路街道办事处锤峰社区创建居家养老服务中心，构建社区居家养老新模式，为老年人提供了多种服务功能，包括呼叫、到照料中心就餐等餐饮服务，健康知识讲授、图书阅览、舞蹈、运动等娱乐活动，还包括日间照料、康复理疗、精神慰藉等。社区结合物联网智能化为老年人提供低成本、高效率、高质量的养老服务。杭州市临平区东湖街道蓝庭社区统筹辖区资源，筛选了十几家企事业单位，打造"康养联合体"，为辖区老年人提供家政、护理、医疗、应急等服务，开展医养结合。老年人可以得到智慧养老、居家养老、配餐等一系列服务。湖南省长沙市长沙县在农村探索共享，实现常态享老，推出"共享护理家"模式，发展本地人成为专业护理员，照顾本村或邻村的老人，为老人提供个性化和专业化的服务，使养老得以持续。随着科技发展，面向居家老人、社区养老及养老院的传感网系统和信息化平台将会得到广泛运用。购买智能化共享养老服务会成为新趋势，真正实现老年人"老有所养、老有所医、老有所为、老有所乐"。

🔍 局域网共享

局域网是计算机网络的一个种类，覆盖范围一般在 10km 之内。一般一间办公室或一家公司，都可以组建一个局域网。组建局域网包括硬件和软件。硬件主要包括计算机、交换机、路由器、网关、防火墙、打印机等设备。软件主要实现各计算机之间的通信和管理。局域网能在小范围内更好地运行，目的是实现软件和硬件资源的共享，非常常用的应用是文件共享和打印机共享。

🔍 工作组

　　工作组是局域网的一个概念，一个局域网中可以有多个工作组。当局域网中的计算机比较多时，一般需要将计算机进行分组，以便管理。例如，一所职业学校有很多计算机，有信息技术部、管理部、智能制造部等，每个部又有很多专业教研室，还有很多机房，各自资源需求也不一样。如果只有一个组，管理上会很麻烦，所以要进行分组，以方便共享资源，提高办公效率，促进信息交流。

学生资讯补充：	
对学生的要求	1．了解局域网的组成和作用； 2．了解工作组的作用
参考资料	

🔧 项目实施单

学习任务名称	共享健康养护班级的网络资源		学时	2
序号	实施的具体步骤	注意事项	自评	
1	将计算机加入到同一个工作组中			
2	共享文件夹			
3	查找网上的计算机和共享文件资源			

任务　共享健康养护班级的网络资源

　　在已经建立好局域网的班级里，有学习资源需要分享给其他同学，需要把这些资源放在一个文件夹中进行共享。计算机之间共享文件主要有以下几点。

1．将计算机加入到同一个工作组中

　　计算机可以都加入到同一个工作组中，默认情况下加入的工作组为"WORKGROUP"。如果有计算机没有加入同一个工作组，则需要将其更改为同一个工作组。查看或更改工作组方法：在"文件资源管理器"窗口中，右击"此电脑"，在弹出的快捷菜单中选择"属性"选项，即可查看计算机的名称和所在工作组。如果需要更改，则单击右边的"更改设置"按钮，即可更改计算机的名称和所在工作组，如图 3-2-11 所示。

2．共享文件夹

　　（1）设置网络访问安全策略。打开"控制面板"窗口，选择"系统和安全"选项，打开"系统和安全"窗口；选择"管理工具"选项，打开"管理工具"窗口，双击"本地安全策略"选项，打开"本地安全策略"窗口；选择"安全选项"选项卡，找到"网络访问：本地账户的共享和安全模型"选项，双击该选项，将其设置为"仅来宾-对本地用户进行身份验证，其身份为来宾"，如图 3-2-12 所示。设置完成后，其他计算机不需要输入验证密码即可进入。

　　（2）设置所处的网络，使网络上的用户能发现和访问此计算机中的文件。右击需要共享的文件夹，在弹出的快捷菜单中选择"属性"选项，弹出"文件夹属性"对话框；单击"共享"选项卡中的"网络和共享中心"按钮，打开"高级共享设置"窗口；在"专用"选项中，选中"网络发现"选区的"启用网络发现"单选按钮，选中"文件和打印机共享"选区的"启用文件和打印机共享"单选按钮；在"来宾或公用"选项中，选中"网络发现"选区的"启用网络

101

发现"单选按钮，选中"文件和打印机共享"选区的"启用文件和打印机共享"单选按钮；同时可以在"所有网络"选项中设置有/无密码保护的共享，如图 3-2-13 和图 3-2-14 所示。

图 3-2-11　更改计算机的名称和所在工作组

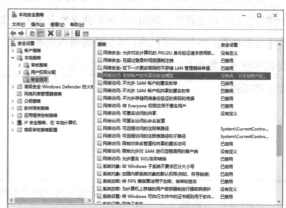

图 3-2-12　设置身份为来宾

图 3-2-13　启用网络发现和文件共享

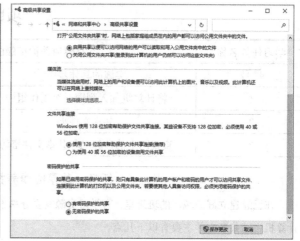

图 3-2-14　有/无密码保护的共享

（3）为所有人添加访问权限。右击需要共享的文件夹，在弹出的快捷菜单中选择"属性"选项，打开"文件夹属性"对话框；单击"共享"选项卡中的"高级共享"按钮，打开"高级共享"对话框，如图 3-2-15 所示。在"高级共享"对话框中，可以修改共享的用户数量，设置完成后单击"权限"按钮，打开如图 3-2-16 所示的对话框。在该对话框中，可以勾选 Everyone 的权限，包括完全控制、更改、读取。如果把 Everyone 的权限设置为"完全控制"，则表示用户可以对该共享文件夹下的内容进行增加、删除和修改的操作。

（4）设置文件夹的安全。在文件夹属性对话框中，选择"安全"选项卡（见图 3-2-17），单击"编辑"按钮，在弹出的对话框中单击"添加"按钮，弹出"选择用户或组"对话框；单击"高级"按钮，弹出"选择用户或组"对话框（选择用户或组的高级对话框）；单击"立即查找"按钮，选择"搜索结果"选区中的"Everyone"选项（见图 3-2-18），单击"确定"按钮，即可完成文件夹的安全设置。

3．查找网络上的计算机和共享文件资源

（1）第 1 种方法：打开任意一个文件夹，在打开的窗口中选择左侧导航中的"网络"选项（或直接在计算机桌面上双击"网络"快捷图标），右侧窗口将显示当前网络中共享资源的计算机，如图 3-2-19 所示。双击需要访问的计算机，可以看到该计算机共享的资源。

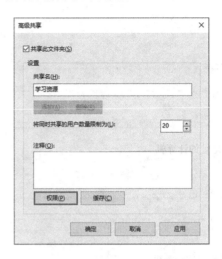

图 3-2-15　"高级共享"对话框

图 3-2-16　共享权限设置对话框

图 3-2-17　"安全"选项卡

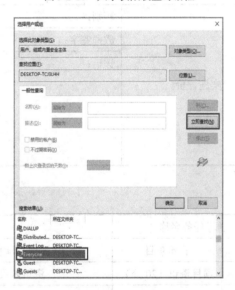

图 3-2-18　设置共享对象

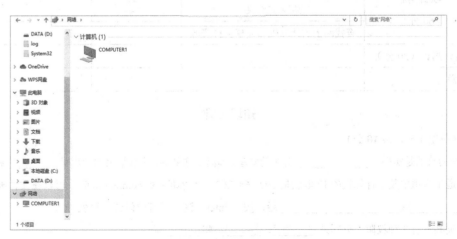

图 3-2-19　网络中共享资源的计算机

（2）第2种方法：当知道共享资源计算机的 IP 地址或计算机名时，可以打开任意一个文件夹，在打开的窗口的文件夹地址栏中输入"\\IP 地址"或"\\计算机名"后，按"Enter"键，即可访问该计算机，进行打开或复制该计算机共享的文件的操作，如图 3-2-20 和图 3-2-21 所示。

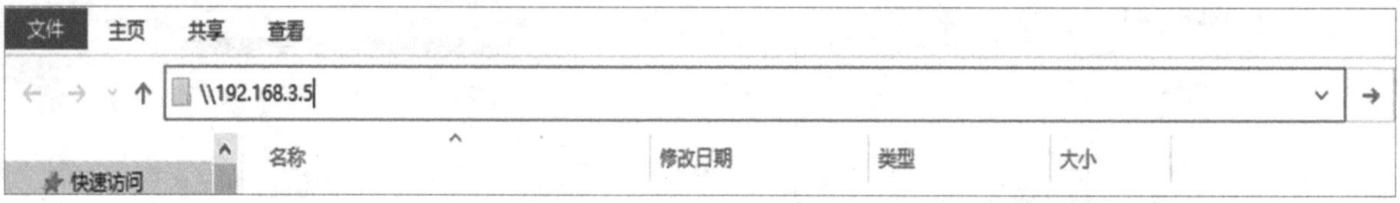

图 3-2-20　网络上对应 IP 地址的计算机

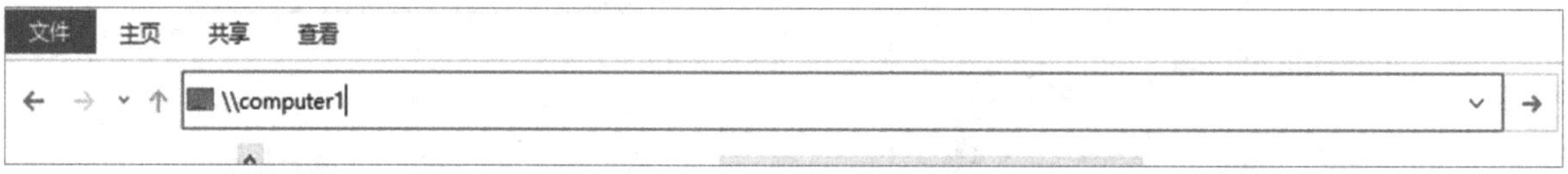

图 3-2-21　网络上对应计算机名的计算机

实施评价	班别：		第　　组	组长签名：
	教师签字：		日期：	
	评语：			

项目评价单

学习任务名称	共享健康养护班级的网络资源			
序号	评价项目	评价子项目	学生/小组自评	组长/组间互评	教师评价
1	项目资讯（20分）	资讯效果			
2	项目实施（60分）	将计算机加入同一个工作组中			
3		共享文件夹			
4		查找网上的计算机和共享文件资源			
5	知识测评（20分）				
	总分				

知识测评

一、填空题（每空 1 分，共 10 分）

1. 局域网的目的是实现_____和_____资源的共享，提高工作效率，非常常用的应用是_____和_____。

2. 当知道工作组中某个计算机的 IP 地址是 192.168.52.2，计算机名是 computer6 时，可以在文件夹地址栏输入_____或_____后，按"Enter"键，即可访问该计算机。

3. 文件夹共享有 3 种权限，分别是_____、_____和_____。

4. 一个局域网中可以有_____个工作组。

二、想想办法（10 分）

　　小明刚买了一部新的笔记本电脑，其中有物联网方面的学习资源，想要分享给健康养护班级的其他人学习参考，小明应该通过什么步骤才能让班级里的其他人看到和使用该学习资源，请你完成如图 3-2-22 所示的方框图。

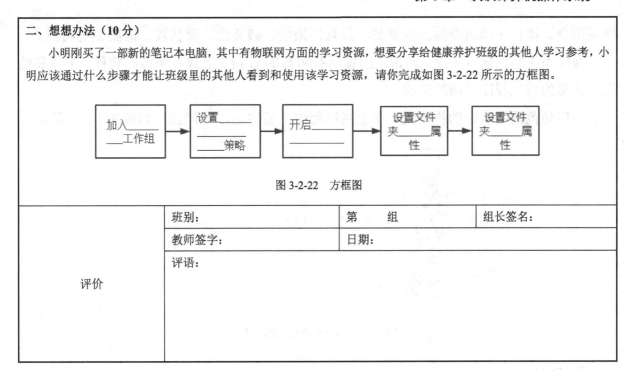

图 3-2-22　方框图

评价	班别：　　　　　　　　　　第　　　组		组长签名：
	教师签字：　　　　　　　　日期：		
	评语：		

3.3 设置计算机安全

　　计算机在使用或上网的过程中存在各种风险，流氓软件、病毒、木马、恶意程序、网络钓鱼、网络攻击等严重威胁着计算机的安全，所以我们要提高网络安全意识，规范配置计算机，降低安全风险。对 PC 而言，操作系统的安全保障在于三分技术、七分管理，而七分管理主要有系统优化、设置防火墙、计算机杀毒、入侵检测、安全认证、鉴别授权、应急响应。

3.3.1　计算机面临的风险

1. 网络攻击

　　随着科学技术的发展，给共享网络信息资源带来了前所未有的便利，也带来了很多的安全隐患。病毒和黑客常常利用网络系统存在的漏洞和缺陷对操作系统进行攻击。在网络攻击中，黑客攻击是很常见的一种。黑客是指精通计算机网络技术的，非法入侵计算机网络的人。黑客入侵常采用密码破解、网络钓鱼、IP 地址探测等方式。为了防范网络攻击，可以构建防火墙和安装杀毒软件。

2. 计算机病毒

　　计算机病毒是指在计算机程序中插入的一组会破坏操作系统，并影响计算机使用的程序或指令。该程序或指令能自我复制，具有传染性、破坏性、潜伏性、隐蔽性等特点。

操作系统遭受病毒入侵，通常是因使用有病毒的 U 盘、下载有病毒的软件、下载和使用有病毒的游戏程序等而感染的。

如何防范网络病毒的传播呢？在上网过程中，要注意以下问题，如图 3-3-1 所示。

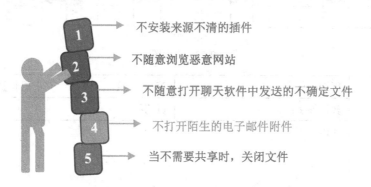

1　不安装来源不清的插件

2　不随意浏览恶意网站

3　不随意打开聊天软件中发送的不确定文件

4　不打开陌生的电子邮件附件

5　当不需要共享时，关闭文件

图 3-3-1　上网过程中要注意的问题

3. 木马

木马是指常隐藏在正常软件中，会破坏计算机、窃取被控计算机中的密码和重要文件的程序。木马不具有传染性，不能自我复制，主要将自己伪装起来吸引用户下载和运行。木马能自动运行、当被删除时能自动恢复，非常顽固。

4. 恶意软件

恶意软件又被称为恶意代码、流氓软件。恶意软件是指在尚未明确提示用户或未经用户允许的情况下，在计算机上安装和运行损害用户合法权益的软件。出现下列情况的软件都属于恶意软件：强制安装的软件、未经许可弹出广告、恶意捆绑、恶意收集信息、恶意卸载等。

3.3.2　保护计算机安全

1. 开启防火墙

防火墙是一个位于内部网络（内网）或计算机与外部网络（外网）之间的软硬件组合，如图 3-3-2 所示。防火墙是不同网络安全通信的通道，能够过滤和监控内、外网信息，具有防攻击能力。防火墙可以是软件，也可以是软硬件的结合。

个人防火墙比企业级防火墙的功能简单。对企业而言，要使用企业级的防火墙；对 PC 而言，使用软件防火墙即可。

个人防火墙是直接安装在操作系统上的软件，能为计算机提供防火墙服务，监测和控制访问本计算机的信息数据，提高用户对访问权限的控制，为计算机提供基本防御机制，防御 DOS 类型攻击，防御黑客的攻击并实时报警，同时能够完善日志。

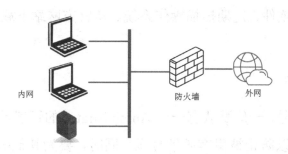

图 3-3-2　防火墙

我们可以使用第三方软件防火墙，也可以使用 Windows 10 系统自带的 Windows Defender 防火墙。防火墙的主要功能：①具有访问控制的功能，能够检查进出内、外网的数据，拦截不符合安全策略的数据包；②具有防攻击的能力，检测和报警机制，可以扫描 FTP、电子邮件中的文件，发现隐藏的危险信息；③能够记录和分析入侵事件。

2. 优化 Windows 系统

由于 Windows 系统存在许多程序漏洞，病毒、木马、黑客便会利用这些漏洞攻击用户的计算机，因此微软公司会根据系统存在的漏洞，不断制作修补这些漏洞的程序，供用户安装，以防止同类病毒的入侵，保证计算机安全运行。这些用于修补系统漏洞的程序是"系统补丁"。优化 Windows 系统，应及时更新系统补丁。

更新系统补丁的 3 种方式：①正版 Windows 系统都自带系统更新功能，位于"控制面板"的"系统和安全"选项中，选择"Windows Update"选项，单击"检查更新"按钮，即可完成更新，如图 3-3-3 所示；②通过杀毒软件的系统修复功能，修复系统漏洞；③从网站下载补丁程序，下载后按照提示安装即可。

图 3-3-3　系统更新功能

3. 安装杀毒软件

计算机病毒借助网络暴发，我们应该采取措施尽量使操作系统不被病毒感染，或者即使感染病毒，也能有效消灭病毒，以减少损失。计算机应该安装杀毒软件。杀毒软件的主要功能是消除病毒、木马等，但不能消除所有病毒。国内杀毒软件供用户免费使用，进入杀毒软件公司官网下载并安装即可。安装完杀毒软件，可选择杀毒功能进行扫描和杀毒。

同时，要定期扫描操作系统，以发现和清除病毒。

防范计算机病毒，除了安装杀毒软件，我们平常在使用计算机的过程中还要注意使用习惯，如及时更新杀毒软件、定期扫描操作系统、从官方网站下载软件、经常备份重要的文件和数据等。

4. 设置账户和密码

每台计算机都有账号，一般默认有一个 Administrator 的管理员账号，用户要为该账号设置相对安全的密码，以防止被黑客破解登录。同时，要为其他账号设置用户名和密码。黑客远程登录计算机需要账号和密码，密码要设置得足够复杂，以防止被黑客破解。

为了防止恶意软件安装和破坏操作系统，可以开启用户账户控制（UAC）。当需要管理员操作时，用户账户控制会通知管理员是否对程序或任务使用硬盘驱动器和系统文件进行授权。按快捷键"Windows+R"，打开"运行"对话框（见图 3-3-4），输入"msconfig"后，单击"确定"按钮；在弹出的对话框中选择"工具"选项卡（见图 3-3-5），选择"更改 UAC 设置"选项，进行用户账户控制的设置。

图 3-3-4 "运行"对话框　　　　　　　图 3-3-5 "工具"选项卡

5. 管理注册表

注册表控制着 Windows 系统、硬件设备及应用程序的运行，关系着计算机的稳定性。注册表中记录了计算机的硬件配置、操作系统和应用程序设置信息等，在整个系统中起着核心作用。如果注册表出现问题，轻则影响程序运行，重则能使操作系统崩溃。

Windows 系统有自带的修改注册表工具 regedit，但手动修改注册表需要操作者具备相关的专业知识。因此，我们可以使用第三方软件来备份和修改注册表，清理注册表中的垃圾，安全地对注册表进行修复和检测。

项目 9　安全配置健康养护班级的计算机

 项目资讯单

学习任务名称	安全配置健康养护班级的计算机	学时	1
搜集资讯的方式	资料查询、网上搜索		

聊聊我国的网络安全——网络安全靠我们

2022 年国家网络安全宣传周在 2022 年 9 月 5 日至 11 日举办，主题为"网络安全为人民，网络安全靠人民"。

此次宣传的目的是，加强人民的个人信息安全意识和防范能力，提升人民的网络安全素养。随着手机 App 移动应用程序的快速发展，部分 App 软件超范围收集、滥用和泄露个人隐私数据被曝光，所以我们要增强网络数据管理意识。新网络时代，我们无时无刻不在使用网络，使用手机购物和上网，以及进行人脸识别操作等。

红外感应技术应用于各种红外感应设备，用于快速检测人体体温。同时，5G 技术、AI、机器人等新技术得到了较大的发展。网络已经存在于我们生活中的方方面面，而网络风险也无处不在。近年，电信网络诈骗犯罪成了典型的犯罪类型，如刷单返利诈骗、冒充公检法人员诈骗、快递理赔诈骗、虚假网络贷款诈骗、"杀猪盘"诈骗、注销校园贷诈骗、老年人养生诈骗等，被诈骗人员涉及学生、老师、老年人，诈骗金额巨大。例如，刷单返利是一种违法行为，用户通过网上购物为网店刷信誉或充值刷流水，诈骗分子利用小额返利，先诱骗用户投入大量资金，再以冻结账户等各种借口继续诱骗用户刷单汇款；"杀猪盘"诈骗，即通过婚恋或聊天交友软件等锁定目标，先通过谈恋爱来获得用户的信任，再诱骗用户投资理财。"杀猪盘"诈骗一般先给小利，当用户追加大额投入后便失联。这些诈骗要求网民提高警惕，不要被小额利益诱惑，应妥善保管银行卡号和验证码信息，确保不外泄。

除此之外，我们要警惕网络谣言，谣言也可能造成网络安全风险。作为青少年，我们要提高自身的知识和技能，识别网络谣言，不做网络谣言的散播者，提高自身的网络安全意识。

网络安全是国家安全的一部分，与国家的发展不可分割。历史上发生了很多严重的计算机病毒事件和网络攻击事件，对国家和人民造成了很大的损害。例如，2006 年的"熊猫烧香"病毒，通过破坏.exe 文件和磁盘等，使软件图标全变为熊猫图标；2017 年的勒索病毒在全球肆虐，袭击了很多企业和政府部门，以此来索要比特币赎金等。面对国家级网络攻击，每位网民要提升网络安全保密意识，提升安全防护能力，一起打造国家级的网络防御体系。

用户身份识别

用户身份识别是用户在进入操作系统之前，以安全的方式向系统提交自己的身份证实，系统确认用户身份是否属实。用户身份识别常用于设置操作系统登录密码，为密码设置密码策略，以防止计算机受到猜测密码攻击。同时，可以启用用户锁定策略，当数次登录失败后，系统会自动锁定，限制该用户一定时间内的登录。密码策略与用户锁定策略相结合，可以更加有效地防止有意猜测密码行为或攻击，保护操作系统安全。

杀毒软件

一般 PC 安全最需要关注的是计算机病毒和杀毒软件。杀毒软件又被称为反病毒软件、安全防护软件。目前，杀毒软件不仅用于杀毒，还集成了系统体检、病毒查除、监控识别、垃圾清理、计算机加速、自动升级、主动防御、系统漏洞修复、恶意软件查杀、软件管理等功能。有些杀毒软件集成了防火墙、注册表备份与清理等功能。杀毒软件是计算机防御系统的重要组成部分。

🔍 **还原点**

还原点：若创建某个时间为还原的时间点，则系统可以回到这个时间点上的存储状态。

"创建还原点"方法可以为启用"系统保护"的驱动器（如 C 盘、或 D 盘、或 E 盘等）创建还原点，并且可以将驱动器还原到一个特定的还原点。

在还原到之前的还原点时，不会影响个人的文档、图片及其他数据，会影响安装或已卸载的软件。

学生资讯补充：	
对学生的要求	1. 了解用户身份识别在计算机安全中的作用； 2. 了解杀毒软件的功能； 3. 了解还原点
参考资料	

🔧 **项目实施单**

学习任务名称	安全配置健康养护班级的计算机		学时	2
序号	实施的具体步骤	注意事项	自评	
1	设置用户身份识别			
2	启用 Windows 系统防火墙			
3	杀毒并启用系统防护			
4	为操作系统创建还原点			

任务 安全配置健康养护班级的计算机

1. 设置用户身份识别

在 Windows 10 系统中，用户身份识别可以在账户策略的"密码策略"和"账户锁定策略"窗口中进行设置。

设置方法：在"控制面板"窗口中，选择"系统和安全"选项，打开"系统和安全"窗口；选择"管理工具"选项，打开"管理工具"窗口，双击"本地安全策略"选项，打开"本地安全策略"窗口，如图 3-3-6 所示。在"账户策略"选项下有"密码策略"和"账户锁定策略"子选项。

密码策略：可以设置密码长度最小值、密码使用期限等。

账户锁定策略：可以设置账户锁定时间、账户锁定阈值等，如图 3-3-7 所示。

对于每个策略，双击即可设定。

2. 启用 Windows 系统防火墙

Windows 系统防火墙的设置方法：在"控制面板"窗口中，选择"系统和安全"选项，打开"系统和安全"窗口；选择"Windows Defender 防火墙"选项，打开"Windows Defender 防火墙"窗口，如图 3-3-8 所示。在"Windows Defender 防火墙"窗口左侧，单击"启用或关闭 Windows Defender 防火墙"按钮，即可启用或关闭防火墙。

针对家庭、工作网络等专用网络或公用网络，可以设置启用或关闭防火墙，单击"确定"按钮，即可完成设置，如图 3-3-9 所示。

在"Windows Defender 防火墙"窗口左侧，单击"允许应用或功能通过 Windows Defender 防火墙"按钮，打开

"允许应用通过 Windows Defender 防火墙进行通信"对话框。在该对话框中，可以添加、更改或删除所允许的应用和端口，设置通过 Windows Defender 防火墙的应用或功能，如图 3-3-10 所示。

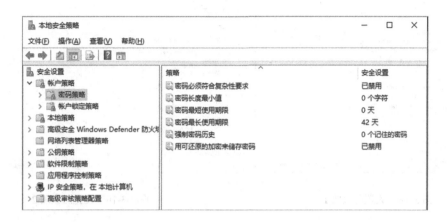

图 3-3-6 "本地安全策略"窗口

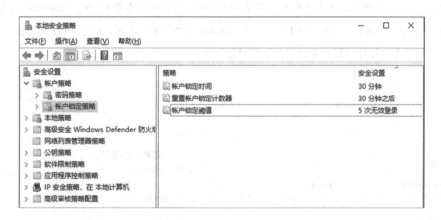

图 3-3-7 账户锁定策略

图 3-3-8 "Windows Defender 防火墙"窗口

111

图 3-3-9　设置防火墙 1　　　　　　　　　　　　　　图 3-3-10　设置防火墙 2

3．杀毒并启用系统防护

Windows 系统自带杀毒软件，单击"开始"菜单按钮，在弹出的快捷菜单中选择"Windows 安全中心"选项，打开"Windows 安全中心"窗口（见图 3-3-11）；选择"病毒和威胁防护"选项，打开"病毒和威胁防护"窗口（见图 3-3-12）。在该窗口中，可以进行病毒扫描和防护设置等操作。

图 3-3-11　"Windows 安全中心"窗口　　　　　　图 3-3-12　"病毒和威胁防护"窗口

4．为操作系统创建还原点

1）备份"创建还原点"

在"控制面板"窗口中选择"系统和安全"选项，打开"系统和安全"窗口；选择"系统"选项，打开"设置"窗口；单击"系统保护"按钮，打开"系统属性"对话框（见图 3-3-13）。若要对"DATA"启用系统保护，则要在"保护设置"选区中选中"DATA"选项，单击"配置"按钮，在弹出的如图 3-3-14 所示的对话框中修改"还原设置"和调整"磁盘空间使用量"，完成后单击"确定"按钮。在如图 3-3-13 所示的对话框中，单击"创建"按钮，弹出如图 3-3-15 所示对话框。在该对话框中，输入还原点名称，即可为启用系统保护的驱动器创建还原点。

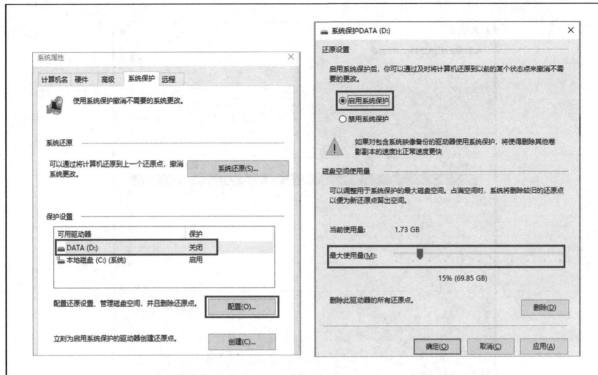

图 3-3-13 "系统属性"对话框 1　　　　图 3-3-14 "系统保护 DATA"对话框

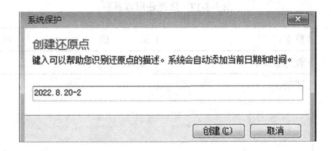

图 3-3-15 创建还原点对话框

2）还原"创建还原点"

根据上述步骤，打开"系统属性"对话框，单击"系统还原"按钮（见图 3-3-16），打开"系统还原"对话框。

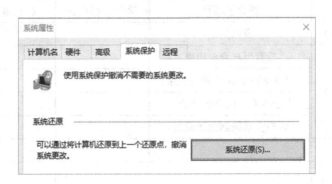

图 3-3-16 单击"系统还原"按钮

根据引导，进入选择还原点界面，如图 3-3-17 所示。若有多个还原点，则该对话框中会显示多个还原点信息。选择需要还原的还原点（可以扫描受影响的程序），根据提示确认还原点，完成还原。

113

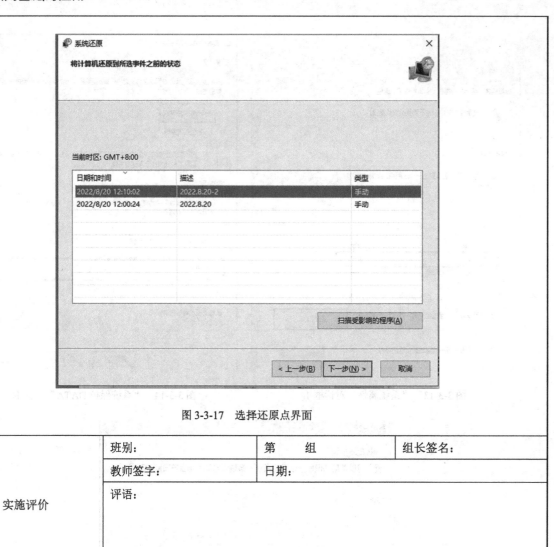

图 3-3-17　选择还原点界面

实施评价	班别：		第　　　组		组长签名：
	教师签字：		日期：		
	评语：				

项目评价单

学习任务名称		安全配置健康养护班级的计算机			
序号	评价项目	评价子项目	学生/小组自评	组长/组间互评	教师评价
1	项目资讯（10 分）	资讯效果			
2	项目实施（80 分）	设置用户身份识别			
3		启用 Windows 系统防火墙			
4		杀毒并启用系统防护			
5		为操作系统创建还原点			
6	知识测评（10 分）				
	总分				

知识测评

填空题（每空 1 分，共 10 分）

1. 计算机账户策略包括_____和_____。

2．杀毒软件又被称为_____或_____。

3．现在的杀毒软件不仅具有杀毒功能，还集成了_____、_____和_____功能。

4．_____（启用/关闭）防火墙，操作系统比较安全。

5．计算机内存不够用、垃圾较多，可以用_____软件的_____功能清理系统垃圾。

评价	班别：		第　　　组		组长签名：
	教师签字：		日期：		
	评语：				

第 4 章
Internet 应用

 知识目标

（1）熟悉浏览器的使用与设置。

（2）熟悉电子邮件的发送和接收功能。

（3）掌握搜索信息的技巧。

技能目标

（1）掌握排查网络故障技术和项目技能。

（2）会使用 ping 命令进行测试。

概述

Internet 中常见的应用主要有全球信息网、FTP、远程登录服务、网络信息搜索、电子邮件等。

（1）全球信息网：又被称为万维网（World Wide Web，WWW）、3W 或 Web。

（2）FTP：文件传输协议，是在 Internet 上传输文件的基础。FTP 是双向传输的，即常见的"下载"（Download）和"上传"（Upload）。用户本地计算机从远程主机上复制文件是"下载"，把本地计算机中的文件传到远程主机上是"上传"。

（3）远程登录服务：允许用户利用本地的联网计算机登录到另一台远程计算机中，并使用该计算机。

（4）网络信息搜索：根据用户特定的需要，将杂乱无章的信息进行加工、整理，从而形成信息库，并根据需要从信息库中将信息准确地查找出来。

（5）电子邮件（E-mail）：信息交换的通信方式，在极短时间内便可发送到邮件中指定的目的地，极大地方便了用户之间的沟通交流。

4.1　认识与设置浏览器

4.1.1　认识 Microsoft Edge 浏览器

2016 年，Microsoft Edge 成为 Windows 系统默认浏览器，IE 浏览器在 2022 年 6 月正式退出。2018 年，Microsoft Edge 浏览器用于桌面和移动平台，可以在 iPad 和 Android 平板电脑上应用。

Microsoft Edge 浏览器有以下新的浏览体验。

（1）能从其他浏览器中导入历史记录、收藏夹和密码等信息。

（2）下载 Microsoft Edge 应用，可以随时随地在不同的设备之间保持同步。

（3）内置安全功能，如自动识别网站中的错别字，保护密码并防止密码被窃取和泄露，同时 SmartScreen 可以保护用户免遭恶意网站和恶意软件的攻击。

117

1. 万维网

URL 又被称为统一资源定位符，以字符串的形式表示一个资源在互联网的位置/地址。每个资源在互联网上都有唯一的 URL。URL 的形式一般如下。

http: //主机域名[:端口号]/文件路径/文件名。

在访问 Internet 时，在地址栏中输入一个 URL 即可打开指定页面，单击由 URL 生成的超级链接可以跳转到该链接指定的页面。图 4-1-1 所示为万维网的页面简介。图 4-1-2 所示为 HTTP 和 HTML 的介绍。

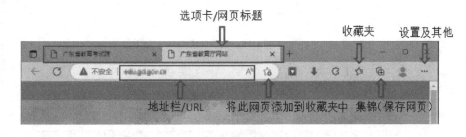

图 4-1-1　万维网的页面简介

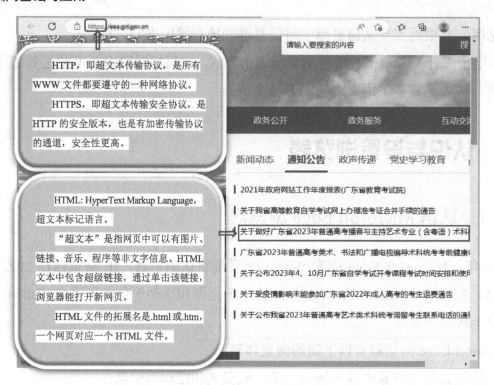

图 4-1-2 HTTP 和 HTML 的介绍

2. 保存浏览的信息

打开网页，把想要保存的页面保存到计算机上。具体方法：单击浏览器右上角的"…"（设置及其他）按钮，在弹出的快捷菜单中选择"更多工具"→"将页面另存为"选项，弹出"另存为"对话框，如图 4-1-3 所示。在该对话框中，选择存放页面的路径、文件名和保存类型后单击"保存"按钮。

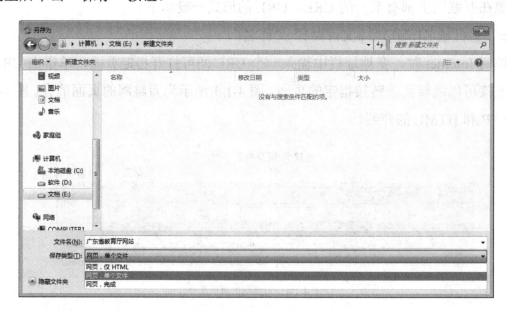

图 4-1-3 "另存为"对话框

4.1.2　设置 Microsoft Edge 浏览器

单击 Microsoft Edge 浏览器右上角"…"按钮,在弹出的快捷菜单中选择"设置"选项,打开"设置"页面,在此可以对该浏览器进行相关设置,如图 4-1-4 所示。

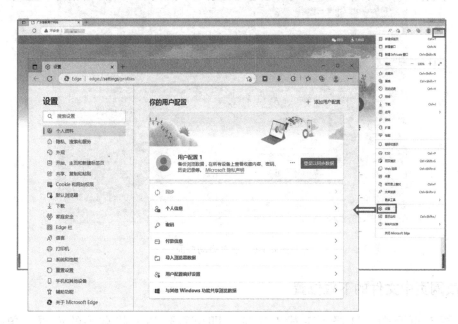

图 4-1-4　设置 Microsoft Edge 浏览器

1.修改主页

在"设置"页面中,选择"开始、主页和新建标签页"选项,即可设置在启动 Microsoft Edge 浏览器时要打开的页面(主页)或标签页,如图 4-1-5 所示。

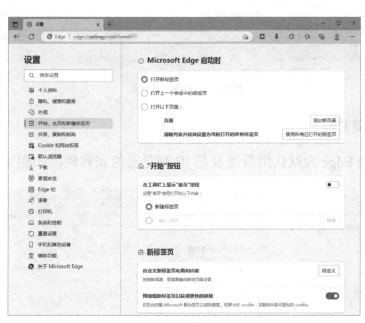

图 4-1-5　修改主页

若将广东省教育厅页面作为每次启动浏览器时的主页，则在"Microsoft Edge 启动时"选区选中"打开以下页面"单选按钮，单击"添加新页面"按钮，在弹出的对话框中输入广东省教育厅页面的 URL（网址），如图 4-1-6 所示，单击"添加"按钮。

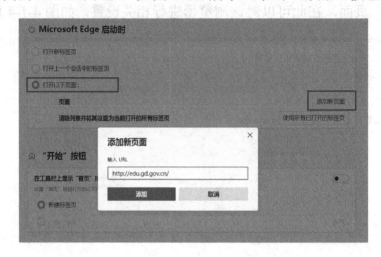

图 4-1-6　设置启动页面

2. 修改网页中文件的下载位置

在"设置"页面中，选择"下载"选项，即可看到与下载有关的设置，单击"更改"按钮，在弹出的对话框中修改文件的默认保存位置，如图 4-1-7 所示。

图 4-1-7　修改下载位置

3. 设置默认浏览器

设置 Microsoft Edge 为默认浏览器及与 IE 浏览器的兼容性，如图 4-1-8 所示。

图 4-1-8　设置默认浏览器及与 IE 的兼容性

4．管理收藏夹

单击"…"按钮，在弹出的快捷菜单中选择"收藏夹"选项，在弹出的"收藏夹"对话框中可以设置和管理收藏夹。用户可以利用收藏夹收藏自己常用的或喜欢的网站，需要时便可从"收藏夹"中快速找到并打开。

通过单击地址栏右边的"将此网页添加到收藏夹中"按钮，可以直接将当前网页添加到收藏夹中，如图 4-1-9 所示。

图 4-1-9　将网页添加到收藏夹中

在"收藏夹"对话框中，可以将网页添加到收藏夹中或导入、导出收藏夹。在如图 4-1-10 所示的对话框中，选择"导入收藏夹"选项，打开"个人资料/导入浏览器数据"页面。在该页面中，可以从其他浏览器中导入收藏夹数据、密码、历史记录、Cookie和浏览器数据。在如图 4-1-11 所示的页面中，单击"选择要导入的内容"按钮，弹出如图 4-1-12 所示的"导入浏览器数据"对话框。在该对话框中，可以选择导入位置，勾选需要导入的内容。

图 4-1-10　导入收藏夹

图 4-1-11 导入浏览器数据   图 4-1-12 "导入浏览器数据"对话框

在"…"按钮的快捷菜单中，还有其他比较常用的工具，如利用"历史记录"工具可以查看近段时间的浏览记录，利用"网页捕获"工具可以对网页进行截图和将网页保存为图片，并在图片上进行绘制。

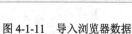 **电子邮件**

4.2.1 认识电子邮件

电子邮件是 Internet 应用最久、最为广泛的一种服务，具有价格低、速度快的特点。进入职场后，我们经常使用电子邮件与世界各地的用户进行联系，电子邮件在企业中应用特别广泛。电子邮件可以传送文字、文档、声音、图片等信息。网络用户都可以通过注册来拥有电子邮件账号。

电子邮件的使用方式有两种：一种是直接通过电子邮件网站登录邮箱来收发和管理邮件，如 163 邮箱、QQ 邮箱等；另一种是使用客户端来收发和管理邮件，如 Windows 系统自带的 Outlook、Foxmail。

电子邮件的地址主要由 3 部分组成，格式是用户名@域名，该地址是唯一的。在使用电子邮件之前，需要注册自己的邮箱账户，我们可以在各个电子邮件网站上申请。目前，有很多免费的电子邮箱供网络用户选择，如 163 邮箱、雅虎邮箱、126 邮箱、QQ 邮箱、搜狐邮箱、新浪邮箱等。

1. 发送 E-Mail 的相关设置

以 163 邮箱为例，打开电子邮件发送窗口，如图 4-2-1 所示。

图 4-2-1　电子邮件发送窗口

电子邮件中部分功能介绍如下。

（1）抄送：同时将这封邮件发送给其他人。单击"抄送"按钮，会出现"抄送人"选项，在此可添加抄送人。

（2）密送：同时将这封邮件发送给密送人，但是收件人和抄送人都不会看到密送人。单击"密送"按钮，会出现"密送人"选项，在此可添加密送人。

（3）群发单显：一对一地向多个人发送邮件，每个人都能单独收到发给自己邮件。

（4）紧急：设置邮件投递优先级为紧急。

（5）已读回执：启用此功能，即可了解收件人是否已经阅读了你发送的邮件。

（6）公正邮：需要付费，在电子邮件收发瞬间进行备份，并且具有法律效力。当发生纠纷时，公正邮的备份可以作为证据使用。

（7）定时发送：设置邮件发送到对方邮箱的时间。

（8）邮件加密：设置查看邮件的密码，收件人需要密码才能查看邮件。

（9）草稿箱：可以存储未完成的邮件，或者暂时存储不需要马上发送的邮件，有暂时存储邮件的功能。在写信时，单击"存草稿"按钮，该邮件将保存在草稿箱中，或者写信时设置了定时发送的邮件，该邮件在发送前，暂时保存在草稿箱中。在草稿箱中，单击"邮件主题"按钮，即可重新打开电子邮件发送窗口，用户可以重新对该邮件进行编写或发送。

如果需要发送文件，则可以在电子邮件发送窗口中单击"添加附件"按钮，在弹出的对话框中找到需要发送的文件，先将其添加进来，可以添加多个，再发送。

2．收件与回复

（1）在电子邮件的收件箱中，保存了此邮箱收到的邮件。在收件箱中，可以对收到的

123

邮件做"未读的"和"已读的"标识。

（2）在电子邮件读取回复窗口中，可以对收到的邮件进行回复、转发、删除、拒收、做标记等操作，如图 4-2-2 所示。

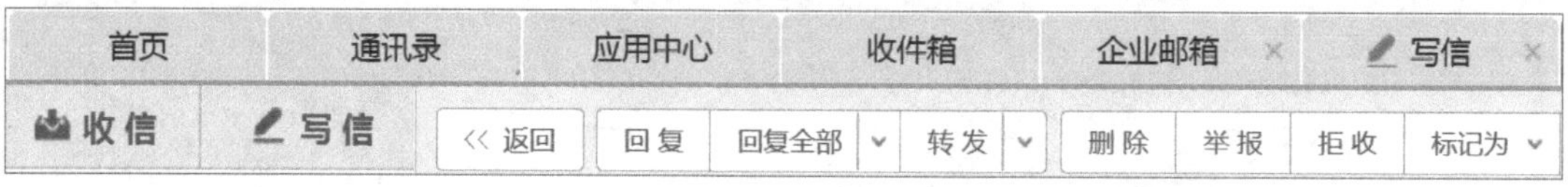

| 首页 | 通讯录 | 应用中心 | 收件箱 | 企业邮箱 × | ✎ 写信 × |

| ✉ 收信 | ✎ 写信 | 《 返回 | 回复 | 回复全部 ∨ | 转发 ∨ | 删除 | 举报 | 拒收 | 标记为 ∨ |

图 4-2-2 电子邮件读取回复窗口

（3）"回复"与"回复全部"的区别："回复"指仅回复发件人，"回复全部"指回复发件人和该邮件中的其他收件人与抄送人。

3．书写邮件的规范

（1）邮件的主题要清晰、简短明了，以便收件人通过标题了解邮件的内容。

（2）在书写邮件正文时，用语要礼貌规范，以显示对收件人的尊重。特别是在书写求职和公司间来信时，应使用正式称谓，如"尊敬的××先生：您好！"。

（3）在邮件正文上方有正文字体等相关设置，邮件字体应大小适当，以便收件人阅读。

（4）在回复邮件时，根据回复内容需要更改回复邮件的标题，如果没有更改，则会显示一串"Re:Re:Re"。

4.2.2 电子邮件客户端软件

1．电子邮件客户端软件的简介

电子邮件客户端软件是收发电子邮件的软件，通过该软件（如 Outlook Express 或 Foxmail）可以管理和使用电子邮件。用户先在电子邮件官方网站上申请免费的邮箱，再在电子邮件客户端软件上配置账户信息，这样可以每次登录不需要输入账户和密码，就能使用电子邮件客户端软件。电子邮件客户端软件可以同时绑定多个邮箱，并且可以同时收发邮件，这样可以方便快捷地管理多个邮箱账号。

Outlook Express（OE）是微软公司操作系统自带的一款电子邮件客户端软件。Foxmail 是华中科技大学开发的优秀的国产电子邮件客户端软件。

2．电子邮件客户端软件的使用

（1）以 Foxmail 为例，打开电子邮件客户端软件，根据在电子邮件官方网站上申请的邮箱，选择邮箱账号类型（见图 4-2-3）并登录。

（2）进入电子邮件收客户端软件后，单击 ▦ 按钮，在弹出的快捷菜单中选择"账号管理"选项，弹出"系统设置"对话框，如图 4-2-4 所示。在"账号"选项卡中，可以设置各个邮箱账号的"Email 地址"、显示名称、发信名称等，单击"新建"按钮，可以新建邮箱账号。

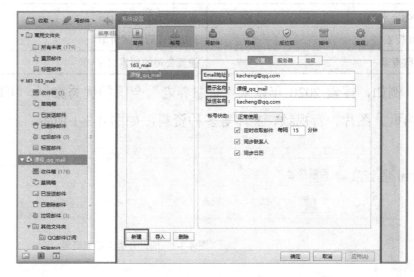

图 4-2-3　选择邮箱账号类型　　　　　　　　　图 4-2-4　"系统设置"对话框

（3）单击"写邮件"按钮，打开"写邮件"窗口，如图 4-2-5 所示。写邮件与网页版的写邮件类似，单击右上角 ▦ 按钮，在弹出的快捷菜单中选择相应的选项，可以对发送邮件进行设置。

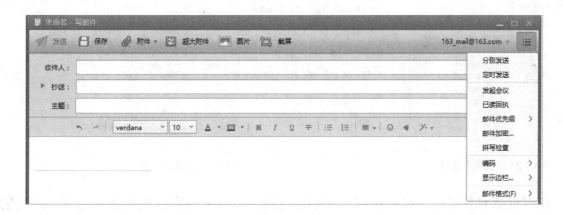

图 4-2-5　"写邮件"窗口

 **4.3　信息检索**

搜索引擎是指根据一定的策略、运用特定的计算机程序从互联网上搜集信息，对信息进行组织和处理，为用户提供检索服务，将与用户检索相关的信息展示给用户的系统。

表 4-1 所示为常用的搜索引擎网站。

表 4-1 常用的搜索引擎网站

搜索引擎名称	说　明
百度	全球最大的中文搜索引擎之一
Google 谷歌	全球最大的搜索引擎之一
360 搜索	360 公司的搜索引擎
搜狗搜索	搜狐公司的搜索引擎

例如，搜索 2020 年以来"智慧养老"全国的优秀案例，可以通过页面上的分类来搜索网页、图片、音视频、文库等多种资料，如图 4-3-1 所示。

图 4-3-1 通过分类来搜索资料

1）搜索设置

以百度搜索为例，单击右上角"设置"按钮（见图 4-3-2），在弹出的对话框中，有搜索设置和高级设置（见图 4-3-3），用户可以根据自己的浏览习惯进行设置。

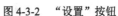

图 4-3-2 "设置"按钮　　　　　图 4-3-3 搜索设置分类

在进行信息搜索时，可以使用关键字进行搜索。搜索内容的限制条件越多，过滤的信息越多；搜索内容的限制条件越少，过滤的信息越少，不需要的资料越多。

在使用关键词进行搜索时，百度会对关键词进行拆分，如搜索"智慧养老"，会出现"智慧"和"养老"分开搜索的结果，若要获得"智慧养老"这个完整关键词的结果，则用书名号将其括起来。

2）高级搜索

图 4-3-4 所示为高级搜索。"包含全部关键词"指搜索出的内容包括输入内容中的所有

关键词，关键词位置可以与输入位置不同。"包含完整关键词"指搜索出的内容跟输入内容一模一样。"包含任意关键词"指搜索内容只需包含输入内容中的一个及以上的关键词即可。"不包含关键词"指用于排除含有某些信息的资料，缩小查询范围。

在高级搜索中，可以设置要搜索的网页的时间，也可以设置要查询的关键字位于网页任何地方、仅网页标题中或仅 URL 中，还可以设置要搜索的网站。

网上很多有价值的资料是.PDF、.word、.xls、.ppt 等格式的，高级搜索可以设置搜索网页文档的格式。

图 4-3-4　高级搜索

项目 10　排查健康养护班级的计算机网络故障

 项目资讯单

学习任务名称	排查健康养护班级的计算机网络故障	学时	1
搜集资讯的方式	资料查询、现场考察、网上搜索		

🔍聊聊互联网舆论——净化网络人人有责

随着互联网、移动互联网的发展，涌现出许多媒体平台载体。微信、抖音、今日头条、贴吧、微博、论坛等媒体平台影响着每个网络用户的生活，而由此引发的网络舆情影响范围广、传播速度快。由于网络言论自由和匿名，部分别有用心的网络用户发布偏激、非理性、非事实的言论，影响其他网络用户对舆论事件的客观看法，甚至引起社会恐慌。一些"震惊！震惊！""出大事了"比较骇人听闻、博人眼球、容易引起恐慌的标题，很多是非权威的，我们不要随意转发，也不要轻易相信这些信息，而要谨慎对待一些含消费、广告的链接。

在日常生活中，如何识别信息的真假和可信度呢？关注官方媒体，包括政府各个部门的网站或公众号、各地方的日报社、学习强国、新华网等主流媒体。除此之外，我们要多分析、多思考，不要盲目跟风。

网络是现实社会的延伸，在网络上发表的言论会受到法律约束，也会受到道德约束。作为学生，要辨别真伪，面对舆论中各种谣言和不良信息应该保持理性，文明上网，传播正能量，肩负起净化网络空间的责任！

🔍 ping 命令

ping 命令是 Windows 系统自带的命令。ping 命令常用于检查网络是否连通，有助于用户分析和判断网络出现的故障。ping 命令主要通过发送数据和接收信息来判断两台计算机之间的网络是否连通或计算机与外网之间的连接状态，当网络出现故障时，有利于用户对故障点进行预测。

常见的检查网络命令有 ipconfig、ping 127.0.0.1、ping 本机 IP 地址、ping 网关地址、ping 外网地址等。

ipconfig 用于查询本机的网络设置。127.0.0.1 是回送地址，指本地机，一般用于测试。ping 127.0.0.1 用于检查本机 TCP/IP 协议设置或网卡有没有问题。ping 本机 IP 地址用于检查本机的 IP 地址设置是否正确。ping 本网网关地址用于检查网关设置或网络设备有没有故障。

学生资讯补充：	
对学生的要求	了解 ping 命令的功能
参考资料	

🔧 项目实施单

学习任务名称	排查健康养护班级的计算机网络故障		学时	2
序号	实施的具体步骤	注意事项	自评	
1	排查硬件是否有故障			
2	排查本机网络设置是否正确			

任务　排查健康养护班级的计算机网络故障

在使用浏览器上网的过程中，有时会出现网络故障。在 Windows 10 系统中，"网络连接"按钮显示 🖥️，表示网络连接正常，如果显示 🌐，则表示网络连接出现了问题，可能是网络断开或网络受限。

网络出现常见故障要先排除硬件故障和连线松动故障。正常情况下，网卡后侧与水晶头连接的位置有两个指示灯，其中绿色指示灯（连接状态指示灯）常亮，红色指示灯（信号传输指示灯）闪烁。

如果绿色指示灯不亮，则可能是水晶头没接牢，或者水晶头有故障；如果红色指示灯不亮，则可将网线接到其他计算机上，看该计算机能否上网。若能上网，则可能是本地网卡有故障。图 4-3-5 所示为排查网络故障的常见方法。

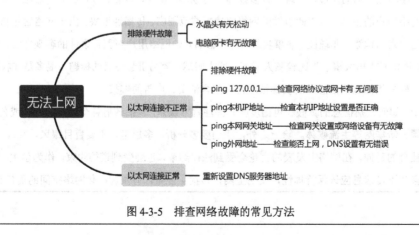

图 4-3-5　排查网络故障的常见方法

某位同学打开健康养护班级计算机，发现登录不上网站，这时可从以下步骤排查网络故障。

1．排查硬件是否有故障

若班级内多台计算机同时有问题，则可能是交换机、网关设备、集线器或外网有故障。

（1）观察到本台计算机的"网络连接"按钮变为 📶 ，又观察到同一局域网的其他计算机均能上网，可以判定故障主要出现在本台计算机与线路上。

（2）观察到网卡后侧与水晶头连接的位置有两个指示灯，其中绿色指示灯常亮，红色指示灯闪烁，水晶头连接无松动，基本可以排除水晶头的故障。将本台计算机的网线连到其他计算机上，该计算机可上网，可以基本判定硬件没有故障。

（3）将 Modem、路由器或交换机断电后重启。单击"网络连接"按钮，在弹出的快捷菜单中选择"打开'网络和 Internet'设置"选项，打开"设置"窗口；单击"更改适配器选项"按钮，打开"网络连接"对话框；右击"以太网"按钮，在弹出的快捷菜单中先选择"禁用"选项，再右击"以太网"按钮，在弹出的快捷菜单中选择"启用"选项，重新启用以太网。

2．排查本机网络设置是否正确

若使用以上方法均无法连通网络，则排查网络连接是否正常。下面使用 ping 命令进行连通测试和常见故障排除。

（1）打开"运行"对话框，输入"cmd"，如图 4-3-6 所示。单击"确定"按钮（或按"Enter"键），即可打开 cmd 命令窗口。

（2）查看 IP 地址等信息，如图 4-3-7 所示。在"运行"对话框中，输入"ipconfig"后按"Enter"键，即可查看本台计算机的 IP 地址、网关等信息。

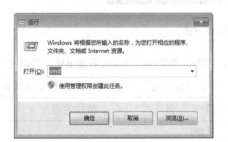

图 4-3-6　"运行"对话框　　　　　　　　　　　图 4-3-7　查询 IP 地址等信息

（3）使用 ping 命令测试网卡和本机 TCP/IP 协议是否正常。在"运行"对话框中，输入"ping 127.0.0.1"后按"Enter"键，若能 ping 成功，则 TCP/IP 协议正常，如图 4-3-8 所示。

（4）ping 本机 IP 地址，出现如图 4-3-9 所示信息，说明能够 ping 通。

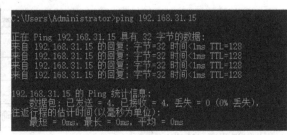

图 4-3-8　使用 ping 测试 TCP/IP 协议　　　　　　图 4-3-9　ping 本机 IP 地址

129

（5）ping 本网网关地址，若本机网络设备正常，则测试对外连接的路由器（默认网关）。若无法 ping 通，则说明网关或设置可能有问题，如图 4-3-10 所示。

此时，ping 域名或外网地址也无法上网，如图 4-3-11 所示。

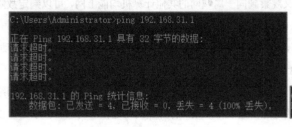

图 4-3-10　ping 本网网关地址　　　　　　　图 4-3-11　ping 外网地址

（6）打开"网络连接"对话框，右击"以太网"按钮，在弹出的快捷菜单中先选择"属性"选项，打开"以太网属性"对话框；双击"Internet 协议版本 4"选项，打开"Internet 协议版本 4 属性"对话框，查看是否设置了自动获得 IP 地址。若未设置，则选中"自动获得 IP 地址"单选按钮，将此计算机设置为自动获得 IP 地址状态。此时，此计算机的"网络连接"按钮变为 （连接正常），表示已连接以太网，可以排除故障。

（7）判断是 IP 地址设置有误，还是默认网关设置有误。在"运行"对话框中，输入"ipconfig"后按"Enter"键，查看本台计算机的 IP 地址信息，发现是默认网关设置有误，如图 4-3-12 所示。

图 4-3-12　默认设置网关有误

有时，"网络连接"按钮显示连接正常，浏览器却无法上网，可能是 DNS 或 DNS 服务器出错，可以在"Internet 协议版本 4 属性"对话框中，设置 DNS 服务器地址为常用的"114.114.114.114"，若未能解决，则需要寻找其他原因。

实施评价	班别：		第　　组	组长签名：
	教师签字：		日期：	
	评语：			

项目评价单

学习任务名称		排查健康养护班级的计算机网络故障			
序号	评价项目	评价子项目	学生/小组自评	组长/组间互评	教师评价
1	项目资讯（20 分）	资讯效果			
2	项目实施（60 分）	排查硬件是否有故障			
3		排查本机网络设置是否正确			
4	知识测评（20 分）				
	总分				

130

知识测评

一、填空题（每空 1 分，共 10 分）

1. 有时，"网络连接"按钮显示连接正常，浏览器却无法上网，有可能是＿＿＿＿＿＿＿出错，可以设置 DNS 服务器地址为常用的＿＿＿＿＿＿＿。

2. "网络连接"按钮显示🌐，表示可能出现的网络故障是＿＿＿＿＿＿或＿＿＿＿＿＿。

3. ping 127.0.0.1 用于检查＿＿＿＿＿＿＿＿＿＿＿＿。

4. ping＿＿＿＿＿＿＿＿＿＿＿＿（选填本机 IP 地址/网关地址）用于检查计算机主机和网关是否正常连接。

5. ping＿＿＿＿＿＿或＿＿＿＿＿＿地址，用于检查计算机能否上网。

6. 网卡后侧与水晶头连接的位置有两个指示灯，其中绿色指示灯表示＿＿＿＿＿＿＿，红色指示灯表示＿＿＿＿＿＿＿。

二、思考题（10 分）

计算机连接上了以太网但是无法上网，请上网搜索网络可能出现了什么问题，并思考用什么方法解决。

评价	班别：		第　　组	组长签名：
	教师签字：		日期：	
	评语：			

第 5 章

物联网概论

 知识目标

（1）了解物联网的起源、概念和应用。

（2）掌握物联网的组成结构。

技能目标

（1）掌握物联网组成结构的各层技术。

（2）懂得设计物联网方案。

5.1 发现身边的物联网

5.1.1 物联网的起源

物联网（Internet of Things，IoT）的概念是由麻省理工学院 Auto-ID 研究中心（Auto-ID Labs）于 1999 年提出的，最初的含义是指把所有物品通过射频识别（RFID）等信息传感设备与互联网连接起来，实现智能化识别和管理。

1999 年，美国麻省理工学院建立了 Auto-ID，把所有物品通过射频识别和条码等信息传感设备与互联网连接起来，实现智能化识别和管理，提出"万物皆可通过网络互联"。

2006 年，欧盟成立工作组，进行 RFID 技术研究。物联网在世界各国的起源如图 5-1-1 所示。

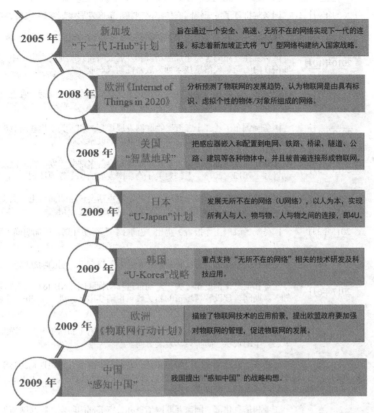

图 5-1-1　物联网在世界各国的起源

2013 年，在国际消费类电子产品展览会展上，美国电信企业将物联网推向了高潮。美国高通已于当年 1 月推出物联网（IoE）开发平台，全面支持开发者在 AT&T 的无线网络上进行相关应用的开发。

物联网在我国的发展情况如图 5-1-2 所示。

5.1.2　物联网的概念

1．物联网的定义

物联网是将各种信息传感设备（如 RFID、红外感应器、全球定位系统、激光扫描器等），按约定的协议，把任何物品与互联网连接起来进行信息交换和通信，以实现智能化识别、定位、跟踪、监控和管理的一种网络。

通俗地讲，物联网就是物物相连的互联网。在物联网中，物与物、人与人、人与物能够彼此进行"交流"，而不需要人的干预。物联网的这个定义包含了 3 个主要含义。

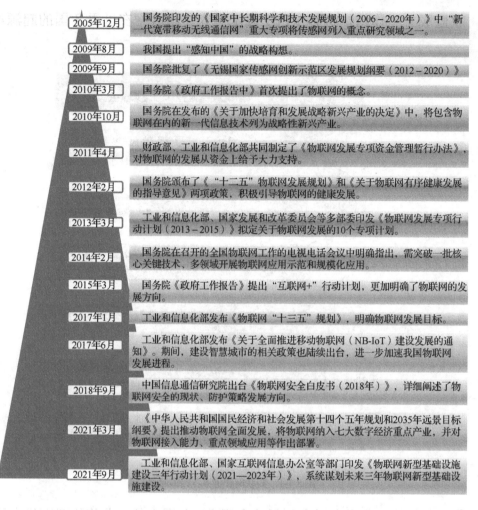

2005年12月	国务院印发的《国家中长期科学和技术发展规划（2006－2020年）》中"新一代宽带移动无线通信网"重大专项将传感网列入重点研究领域之一。
2009年8月	我国提出"感知中国"的战略构想。
2009年9月	国务院批复了《无锡国家传感网创新示范区发展规划纲要（2012－2020）》
2010年3月	国务院《政府工作报告中》首次提出了物联网的概念。
2010年10月	国务院在发布的《关于加快培育和发展战略新兴产业的决定》中，将包含物联网在内的新一代信息技术列为战略性新兴产业。
2011年4月	财政部、工业和信息化部共同制定了《物联网发展专项资金管理暂行办法》，对物联网的发展从资金上给予大力支持。
2012年2月	国务院颁布了《"十二五"物联网发展规划》和《关于物联网有序健康发展的指导意见》两项政策，积极引导物联网的健康发展。
2013年3月	工业和信息化部、国家发展和改革委员会等多部委印发《物联网发展专项行动计划（2013－2015）》拟定关于物联网发展的10个专项计划。
2014年2月	国务院在召开的全国物联网工作的电视电话会议中明确指出，需突破一批核心关键技术、多领域开展物联网应用示范和规模化应用。
2015年3月	国务院《政府工作报告》提出"互联网+"行动计划，更加明确了物联网的发展方向。
2017年1月	工业和信息化部发布《物联网"十三五"规划》，明确物联网发展目标。
2017年6月	工业和信息化部发布《关于全面推进移动物联网（NB-IoT）建设发展的通知》。期间，建设智慧城市的相关政策也陆续出台，进一步加速我国物联网发展进程。
2018年9月	中国信息通信研究院出台《物联网安全白皮书（2018年）》，详细阐述了物联网安全的现状、防护策略发展方向。
2021年3月	《中华人民共和国国民经济和社会发展第十四个五年规划和2035年远景目标纲要》提出推动物联网全面发展，将物联网纳入七大数字经济重点产业，并对物联网接入能力、重点领域应用等作出部署。
2021年9月	工业和信息化部、国家互联网信息办公室等部门印发《物联网新型基础设施建设三年行动计划（2021—2023年）》，系统谋划未来三年物联网新型基础设施建设。

图 5-1-2　物联网在我国的发展情况

（1）需要在物品上装置不同类型的识别装置，如电子标签、条码与二维码等，或者通过传感器、红外感应器等感知其存在。

（2）互联的物品若要互相交换信息，就要实现不同系统中实体的通信，物联必须遵循约定的通信协议，并通过相应的软、硬件实现。

（3）物联网可以实现对各种物品（包括人）进行智能化识别、定位、跟踪、监控和管理等。

2. 互联网、传感网、泛在网与物联网的关系

（1）互联网是指通过 TCP/IP 协议将异种计算机网络连接起来实现资源共享的网络技术，以实现人与人之间的通信。物联网的核心和基础仍然是互联网。

（2）传感网是以传感器作为节点，以网络作为信息传递载体，通过专门的无线通信协议实现物品之间连接的自组织网络。传感网作为传感器、通信和计算机 3 项技术密切结合的产物，是一种全新的数据获取和处理技术。

（3）物联网覆盖了信息技术和通信技术的众多领域，包括 RFID、传感器、互联网、嵌入式、移动通信等。

（4）泛在网是面向泛在应用的各种异构网络的集合，强调的是跨网之间的互联互通和数据融合/聚类与应用，主要是指无所不在的网络。

传感网是物联网的组成部分，物联网是互联网的延伸，物联网是泛在网发展的物联阶段，泛在网是物联网发展的远景，通信网、互联网、物联网之间相互协同融合是泛在网的发展目标。

5.1.3 物联网的应用

当物联网与互联网、移动通信网相连时，可随时随地、全方位地"感知"对方，人们的生活方式将从"感觉"跨入"感知"，从"感知"跨入"控制"。物联网的应用领域非常广阔，从日常的家庭或个人应用，到工业自动化应用，再到军事反恐、城建交通。目前，物联网已经在智能工业、智能农业、智能物流、智能交通、智能电网、智能环保、智能安防、智能医疗、智能家居等领域得到了实际应用。比较典型的应用包括水电行业无线远程自动抄表系统、数字城市系统、智能交通系统、危险源和家居监控系统、产品质量监管系统等。图 5-1-3 所示为智慧城市方案。

图 5-1-3 智慧城市方案

5.2 物联网的组成结构

5.2.1 物联网的结构特征

从物联网的功能上来说，应该具备 4 个特征。

1. 全面感知能力

利用 RFID、传感器、二维码等可以获取被控/被测物体的信息。

2．数据信息可靠传递

通过各种电信网络与互联网的融合，可以将物体的信息实时、准确地传递出去。

3．智能处理

利用现代控制技术提供的智能计算方法，对大量数据和信息进行分析和处理，对物体实施智能化的控制。

4．行业应用

根据各个行业、各种业务的具体特点，可以形成各种单独的业务应用，或者整个行业及系统的建成应用解决方案。

5.2.2 物联网的组成结构

物联网由感知层、网络层、平台层、应用层组成，如图 5-2-1 所示。

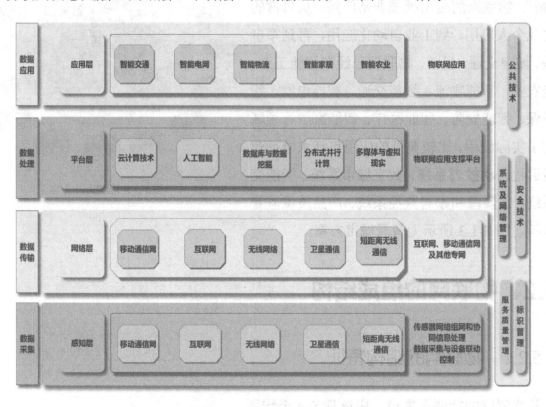

图 5-2-1　物联网的组成结构

1．感知层

感知层主要用于采集物理世界中发生的物理事件和数据，包括各类物理量、标识、音频、视频数据。物联网的数据采集涉及 RFID、传感器、多媒体信息采集、二维码和实时定位等技术。感知层实现全面感知，即利用 RFID、传感器、二维码等，可以随时随地获取物体的信息。

感知技术是指能够用于物联网底层感知信息的技术，包括 RFID 技术、传感器技术、GPS 定位技术、多媒体信息采集技术及二维码技术等。

2．网络层

网络层的主要功能是通过各种电信网络与互联网的融合，将物体的信息实时准确地传递出去。

传输技术是指能够汇聚感知数据，并实现物联网数据传输的技术，包括移动通信网、互联网、无线网络、卫星通信、短距离无线通信等。

物联网在网络构建层中存在各种网络形式，常用的有如图 5-2-2 所示的几种。

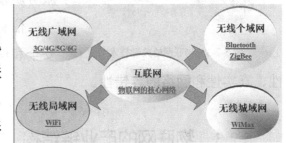

图 5-2-2　常用的网络形式

3．平台层

平台层的功能是智能处理，利用云计算、模糊识别等各种智能计算技术，对海量数据和信息进行分析和处理，对物体实施智能化的控制。

平台层主要的系统设备包括大型计算机群、海量网络存储设备、云计算设备等。平台层利用了各种智能处理技术、高性能分布式并行计算技术、海量存储与数据挖掘技术、数据管理与控制等多种现代计算机技术。

平台技术是指用于物联网数据处理和利用的技术，包括云计算技术、嵌入式系统技术、AI 技术、数据库与数据挖掘技术、分布式并行计算技术和多媒体与虚拟现实技术等。

4．应用层

应用层包括各类用户界面显示设备及其他管理设备。应用层根据用户的需求可以面向各类行业实际应用的管理平台和运行平台，并根据各种应用的特点集成相关的内容服务，如智能交通系统、环境监测系统、远程医疗系统、智能工业系统、智能农业系统、智能校园等。应用层利用经过分析处理的感知数据，为用户提供丰富的服务。

应用层是物联网应用的体现。

物联网的系统应用技术包括对海量信息进行智能处理，从而建立专家系统、预测模型、行业接口和运营平台，实现人机交互服务。物联网的关键技术如图 5-2-3 所示。

公共技术支持物联网共性需求的功能面，并不属于物联网的 4 个组成结构之一，但与这 4 个组成结构有密切关系，包括标识与解析、安全技术、网络管理和服务质量（QoS）管理。

137

图 5-2-3 物联网的关键技术

物联网体系结构还应包括贯穿各层的网络管理、服务质量、信息安全等共性需求的功能面，为用户提供各种具体的应用支持。

网络管理是指通过某种方式对网络进行管理，使该网络能正常高效地运行。

服务质量是相对网络业务而言的，在保证某类业务服务质量的同时，可能在损害其他业务的服务质量。

信息安全包括物理安全、信息采集安全、信息传输安全和信息处理安全，目标是确保信息的机密性、完整性、真实性和网络的容错性。

5.2.3 物联网的产业链结构

物联网的产业链主要由感知与控制、数据传输、智能处理与应用服务 3 个环节构成，如图 5-2-4 所示。

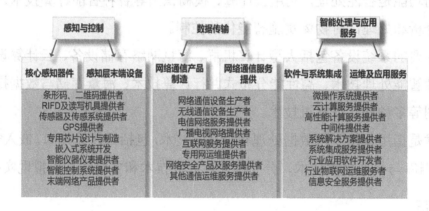

图 5-2-4 物联网的产业链

项目 11 设计智慧社区方案

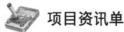 项目资讯单

学习任务名称	设计智慧社区方案		学时	1
搜集资讯的方式	资料查询、现场考察、网上搜索			

物联网发展新趋势——AIoT

1. 物联网发展新趋势——AIoT

AIoT（人工智能物联网）的概念："AIoT" 就是 "AI+IoT"，指的是 AI 技术与物联网融合的应用，以实现万物智联。

与传统物联网应用相比，AIoT 是一种新型的物联网应用，通过对泛在感知技术产生的海量数据进行采集、存储、大数据分析、交换共享、云计算、边缘计算和雾计算，获取更高形态的数据价值，实现万物数据化向万物智慧化转变，赋予物联网智慧的大脑，实现真正意义上的万物互联。AIoT 的本质是让物联网从数字化、智能化向智慧化发展，赋予其"活"的动力。

2．AIoT 的要素

随着 5G 商用，AIoT 产业正在起步。从万物智联的角度看，AIoT 的发展将经历由单品智能到互联智能、主动智能的 3 个阶段。

（1）在单品智能阶段，物联设备之间的联系较弱，AI 技术更多体现在用户与设备之间，且往往需要由用户发起交互需求。

（2）在互联智能阶段，AIoT 通过"一个大脑，多个终端"的模式构建互联、互通的设备矩阵，使得设备之间的联系大为加强。

（3）在主动智能阶段，AIoT 的进一步发展主要体现在自学习、自适应和主动服务能力方面。

3．AIoT 的发展挑战

AIoT 的发展依然面临着算力、算法、平台兼容性、安全性等挑战。

（1）算力。普通计算机的计算能力有限，利用其训练一个模型往往需要数周至数月的时间。密集和频繁地使用高速计算机资源，会面临成本挑战。

（2）算法。AI 的训练所需时间是非常长的，目前仅训练一些简单的识别尚需数周时间，面对未来丰富的应用场景，有必要在算法层面予以增强，并且基础算法非常复杂，应用的企业开发者能力不足。

（3）平台兼容性。物联网本身产品碎片化，而各 AI 公司生态之间又缺乏协同，本地算力、网络连接能力、平台之间的不兼容，要把框架里的算法部署到数量众多的物联网设备中，大规模部署问题重重。

（4）安全性。AI 决策的正确性受物联网数据的精确度影响，AI 的分析结果缺乏可解释性。AIoT 存在被攻击成僵尸物联网的风险。

4．AIoT 的应用

AIoT 是 AI 和泛在物联网应用技术深度融合的产物，改变着人们的社会生活，促进了经济发展模式的转变，使经济进入智慧经济发展新阶段。图 5-2-5 所示为 AIoT 的应用

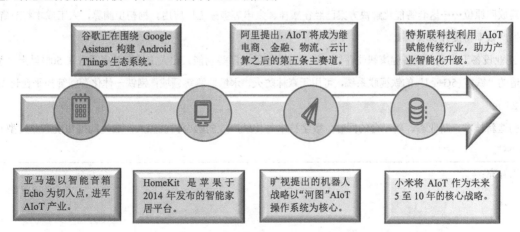

图 5-2-5　AIoT 的应用

智慧经济是 AI、物联网、大数据等新一代信息技术应用下的创新经济发展模式。让经济结构更加优化，现代经济发展过程更加便捷化、智慧化。

智慧经济运用 AIoT 技术实现传统经济的转型升级、优化重构，改变了经济发展方式，将经济活动数字化、智慧

化，是新一代信息技术运用下的创新经济。

从宏观经济角度划分，智慧经济应用模式主要分为智慧农业、智慧工业、智慧服务业等。

智慧生活，智慧经济

2022 年，在中国国际智能产业博览会上人们看懂了智能化"为经济赋能，为生活添彩"。

在智能卧室，一句语音指令就能"唤醒"智能家居，窗帘自动打开，电视机自动播放今日天气、家中环境数据等。在智能阳台，洗衣机洗完衣服，晾衣架会自动下降，挂好衣物后，晾衣架再自动上升；在智能厨房，我们可以在操作台自动生成的烹饪方式指引下制作美食。操作台、橱柜之间彼此能够智能交互，当遇到漏水、漏气时，阀门将自动关闭，将异常情况推送到手机上。

人可以与弈棋机器人对弈，人脑与智慧脑博弈，如图 5-2-6 所示。

汽车搭建最新的车外语音交互系统，克服复杂环境下的噪声及远距离识别问题，实现稳定的车外语音交互。车主在打开车门前能"唤醒"汽车，执行开启天窗、空调等操作，改善驾乘体验。无人驾驶汽车将让驾驶员体验无人驾驶的快乐，如图 5-2-7 所示。

图 5-2-6　人与弈棋机器人对弈

图 5-2-7　无人驾驶

一系列前沿技术创新应用，让市民全方位享受智慧生活。

在智能化生产线上，机器人挥舞着"手臂"，抓起一台发动机放到生产线上，仅需几分钟组装、检测完毕，机器人又将其放回原位……这套智能化解决方案已经在康佳、宗申等多家工厂应用。据初步测算，人工成本将节省 70%以上，生产效率将提升 50%以上。

AI 工业设备卫士具有设备健康智能评估、设备故障辅助诊断等功能，比人工检测效率提升了 50%以上；基于通信塔打造的"铁塔+5G+AI"的铁视联系统，可用于森林防火、水域监测等领域；钢铁一体化智能管控平台让 1t 钢成本降低 25 元。

在创造新技术、新业态、新平台的同时，数字技术与传统产业的融合日益深入，成为助推传统产业转型升级的"数字引擎"。

学生资讯补充：	
对学生的要求	1. 了解物联网发展新趋势； 2. 了解物联网在经济生活中的应用
参考资料	

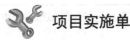 项目实施单

学习任务名称	设计智慧社区方案		学时	2
序号	实施的具体步骤	注意事项	自评	
1	设计智慧社区的总体方案			
2	设计智慧社区的技术框架			
3	设计智慧社区的应用面			

任务 设计智慧社区方案

1. 智慧社区的概念

智慧社区是指充分借助物联网、传感网，将网络通信技术融入社区生活的各个环节当中，实现从家庭无线宽带覆盖、家居安防、家居智能、家庭娱乐到小区智能化为一体的理想生活。

智慧社区突破了小区的局限，通过互联网和智能家居把千家万户联系起来，形成大物业的概念，更明确的组织，更精细的分工，更优质、快捷、专业、贴心的服务业主，最重要的是扩展物业服务的范畴和领域，商务服务、医护服务、信息服务的展开，将会引领新型物业管理健康、有序和良性地发展。

2. 设计智慧社区的总体方案

图 5-2-8 所示为智慧社区的总体设计方案。网络是智慧社区建设的基础，物联网和智慧社区构建在互联网和移动互联网之上。

图 5-2-8　智慧社区的总体方案

3. 物业管理公司是智慧服务的执行者和受益者

智慧社区的管理需要由物业管理公司来执行，建立顺畅的沟通渠道，为业主提供贴心的服务。物业管理公司通过所管辖的智慧社区商务平台向业主提供便捷、安全的服务。业主可以通过手机、计算机、平板等多种终端，无论是在家中，还是在室外，可以随时随地在线订购，完成下单、付款、送货等操作。在将来，物业管理公司的角色将不仅仅是物业的管理，而是小区的一个交流和服务的平台。

4. 设计智慧社区的技术框架

智慧社区需要打造一个统一平台，设立城市社区数据中心，构建 3 个基础网络，通过分层建设，达到平台能力

及应用的可成长、可扩充，创造面向未来的智慧社区和智慧城市系统框架。图 5-2-9 所示为智慧社区的技术框架。

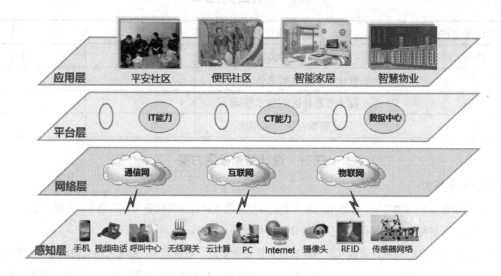

图 5-2-9　智慧社区的技术框架

5. 设计智慧社区的应用面

1）平安社区

平安社区包括以下方面。

视频监控：公用通道闭路电视监控系统能不间断地监视各部位的情况；社区内部环境的监控，及时发现非社区业主长期无故滞留的情况；防范周边人员非法进入社区，一旦发现异常情况可以自动将相关视频数据传到报警中心，及时与社区周边报警系统联动控制。

社区人员管理：工作人员管理社区辖区内职能工作人员的信息，能够有效地分配任务，并对工作人员进行管理和统计，可实行门长管理制度，并授予对应的权限。辖区居民管理——工作人员或门长，对所管辖社区内的人员变动及时做信息更新，可有效地对流动人口的信息进行完善，可使用 App 安排用户填写相关的个人信息，同时进行资料完善和信息管理，如图 5-2-10 所示。

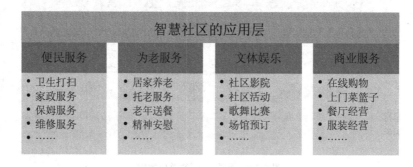

图 5-2-10　社区居民管理

2）便民社区

业主通过智能社区平台享受更多的服务，如小区的联网安防、便捷的家政服务、更便宜的生活成本、贴心的维修服务和上门菜篮子服务。

3）商业服务（掌上社区）

智慧社区周边的教育、医疗、餐饮、住宿和家政等商户，都可以通智慧社区平台发布信息，以获取商机，丰富的拓展应用可实现与众多商户和产业链上下游的紧密合作，将零散的商机串联起来，大大降低商户的成本。

业主通过"掌上社区 App"享受智慧社区平台提供的自助缴费、活动报名、实用信息、周边新闻、订餐家政等各种配套服务，同时街道管理部门通过该 App 可以向业主发送通知、最新活动、传达政策等消息服务。业主通过一个终端即可享受全生活类服务，提高自己的生活质量。

4）为老服务

通过整合业界主流终端厂商及兼具终端、平台、后台服务机构的新元素力量，以提供综合性医疗保健服务，为核心的临床操作流程提供必要支撑。

通过智能随身设备随时监控老人的身体健康指标，为老人提供健康预警服务，让居委会和亲属及时了解老人身体状况，并及时作出应对措施，同时提供更多的老人关爱服务，如图 5-2-11 所示。

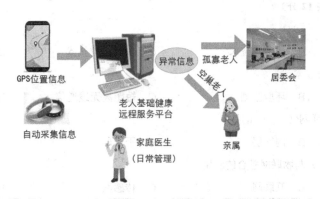

图 5-2-11 为老服务

老人通过终端自动采集心率、体温等基础体征数据，将信息发送到平台中，由亲属定期管理并维护。若信息正常，则存档入库；若信息异常，则直接对老人进行健康预案工作；若是孤寡老人，则发给居委会工作人员处理；若是空巢老人，则发给老人的亲属自动采集信息。

实施评价	班别：		第 组		组长签名：
	教师签字：		日期：		
	评语：				

🎯 项目评价单

学习任务名称		设计智慧社区方案			
序号	评价项目	评价子项目	学生/小组自评	组长/组间互评	教师评价
1	项目资讯（20分）	资讯效果			
2	项目实施（60分）	设计智慧社区的总体方案			
3		设计智慧社区的技术框架			
4		设计智慧社区的应用面			
5	知识测评（20分）				
	总分				

知识测评

一、填空题（每空 1 分，共 8 分）

1. 物联网的核心和基础是_____。

2. 传感网是利用_____作为节点，以_____作为信息传递载体，以专门的无线通信协议实现物品之间连接的自组织网络。

3. _____是物联网发展的远景。

4. 物联网由_____、_____、_____、_____组成。

二、选择题（每空 3 分，共 12 分）

1. 感知技术不包括（   ）。

   A．RFID 技术　　　　B．传感器技术　　　　C．GPS 定位技术　　　　D．云计算技术

2. （   ）属于网络层技术。

   A．传感器技术　　　B．环境监测　　　　C．短距离无线通信　　　D．云计算技术

3. 嵌入式系统属于物联网（   ）的技术。

   A．感知层　　　　B．网络层　　　　C．平台层　　　　D．应用层

4. AIoT 指的是（   ）与物联网融合的应用。

   A．AI 技术　　　　B．互联网　　　　C．传感网　　　　D．泛在网

评价	班别：		第　　　组	组长签名：
	教师签字：		日期：	
	评语：			

第 6 章

感知与识别物联网

 知识目标

（1）了解物联网条码的分类及各种应用场景。

（2）了解 RFID 的概念，熟知传感器的结构及应用方式。

（3）掌握 RIFD 技术的组成结构，理解传感器的工作过程。

（4）了解 RFID 技术发展过程及传感器的应用领域。

 技能目标

（1）掌握物联网商品简易电子条码的制作与识别。

（2）掌握 RFID 门禁卡的制作。

（3）掌握传感器安装设置的操作过程。

 6.1 物联网商品编码

在信息化时代，足不出户便捷生活服务，购物只要一部手机或一台计算机就能轻松搞定，但移动消费实现便捷购物的前提必须是对物品进行编码，实现物品数字化，才能真正实现物联网消费。

物品编码技术发展至今，编码通常以条码符号来表示。人们为了分清不同的物品及其特性，赋予了物品唯一的编号，作为商品独一无二的"身份证"，以便进行商务流程所需的电子识读，如图 6-1-1 所示。

图 6-1-1 移动消费

6.1.1 条码的概念

条码（Bar Code）又被称为条形码，是将宽度不等的多个黑条和空白，按照一定的编码规则排列，以表达一组信息的图形标识符。常见的条码是由光线反射率相差很大的黑条（"条"）和白条（"空"）排成的平行线图案。其中，条码中的"条"是指对光线反射率较低的部分，"空"是指对光线反射率较高的部分。"条"和"空"不同的方式组合，可以形成不同的条码图形符号。

1. 条码的组成结构及功能

无论采取何种规则印制的条码，都由静区、起始字符、数据字符、校验字符与终止字符组成，如表 6-1-1 所示。

表 6-1-1 条码的组成结构及功能

结　　构	功　　能
静区	分为左空白区和右空白区。左空白区是让扫描设备做好扫描准备，右空白区是保证扫描设备正确识别条码的结束标记
起始字符	第一位字符，具有特殊结构，当扫描器读取到该字符时，便开始正式读取代码了
数据字符	条码的主要内容
校验字符	检验读取到的数据是否正确。不同编码规则可能会有不同的校验规则
终止字符	最后一位字符，一样具有特殊结构，用于告知扫描器读取代码完毕，还起到校验计算的作用

2. 商品条码数据字符

商品条码数据字符的厂家识别码包括 3 位前缀码及 4 位厂家代码。

前缀码是标识国家或地区的代码，赋码权由所在国家或地区物品编码协会决定，如 00-09 代表美国、加拿大，45-49 代表日本，690-695 代表中国大陆，471 代表中国台湾地区，489 代表中国香港特别行政区。

中间的 5 位商品代码由生产商自行定义，指示商品种类、生产日期、图书分类号、邮件起止地点等信息。

商品条码最后用 1 位校验码来校验商品条码中左起第 1～12 数字代码的正确性，如图 6-1-2 所示。

图 6-1-2　条码的组成结构

6.1.2　条码的发展

在 20 世纪 20 年代，发明家约翰·科芒德想实现邮政单据自动分拣，他的想法是在信封上做条码标记。条码中的信息是收信人的地址，如现在的邮政编码，他将一个"条"表示数字"1"，两个"条"表示数字"2"，以此类推。他又发明了由基本的元件组成的条码识读设备，一个能够发射光并接收反射光的设备。

随着经济全球化、信息网络化、生活国际化的资讯社会的到来，起源于 40 年代、研究于 60 年代、应用于 70 年代、普及于 80 年代的条码与条码技术及各种应用系统引起了世界流通领域里的大变革，发展情况如下。

（1）1949 年，诺姆·伍德兰和伯纳德·西尔沃发明的全方位条码符号，又被称为"公牛眼"条码，如图 6-1-3 所示。

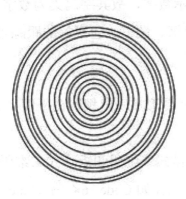

图 6-1-3　"公牛眼"条码

（2）1970 年，Iterface Mechanisms 公司开发出了"二维码"，那时二维矩阵条码用于报社排版过程的自动化。

（3）1972 年，超市开始采用统一条形编码，英文缩写为 UPC，每件商品和每个厂商拥有自己的一个编码，截至 1974 年，大多数制造商已经在商品上印上了条码。

（4）1977 年，欧洲共同体在 UPC-A 码基础上制定出欧洲物品编码 EAN-13 码和 EAN-8 码。

（5）2000 年至今，共有 40 多种条码码制，相应的自动识别设备和印刷技术也得到了长足发展。条码作为一种可印制的计算机语言，被未来学家称为"计算机文化"。

6.1.3　条码的分类

1. 一维码

一维码又被称为一维条码，指条码"条"和"空"的排列规则。世界上约有 225 种一维码，常见的一维码如图 6-1-4 所示。

图 6-1-4　常见的一维码

常见的一维码的码制的特点和用途如下。

（1）EAN-13 码：国际通用的符号体系，是一种长度固定、无含意的条码，所表达的信息全部为数字，主要应用于商品标识。

（2）Code39 码：国内企业内部自定义码制，可以根据需要确定条码的长度和信息，编码的信息可以是数字，也可以是字母，主要应用于工业生产线领域、图书管理等。

（3）UPC（Universal Product Code）码：一种长度固定、连续性的条码，主要在美国和加拿大使用。UPC 码仅用于表示数字，故其字码集为数字 0～9。

（4）Codabar 码：应用于血液、图书、包裹等的跟踪管理。

2. 二维码

二维码是用某种特定的几何图形按一定规律在平面（二维方向）上分布的、黑白相间的、记录数据符号信息的图形。

二维码可以分为堆叠式/行排式二维码和矩阵式二维码。堆叠式/行排式二维码形态上是由多行短截的一维码堆叠而成的，如 Code 16K 码、Code 49 码、PDF417 码、MicroPDF417 码等；矩阵式二维码以矩阵的形式组成，在矩阵相应元素位置上用"点"表示二进制数字"1"，用"空"表示二进制数字"0"，"点"和"空"排列组成代码，如 MaxiCode 码、QR Code 码、Data Matrix 码等。常见的二维码如图 6-1-5 所示。

PDF417码

Code 16K码

QR Code码

MaxiCode码

图 6-1-5　常见的二维码

一维码与二维码的区别如表 6-1-2 所示。

表 6-1-2　一维码与二维码的区别

区别项目	一　维　码	二　维　码
数据容量	数据容量较小，只能包含字母和数字	数据容量大，突破了字母、数字的限制
抗干扰性	抗干扰性较低，遭到损坏后便不能阅读	抗干扰性较高，易纠错，条码局部可穿孔、遮挡、丢失，具有抗损毁能力
存储信息方向	只是在一个方向（一般是水平方向）表达信息，而在垂直方向则不表达任何信息	在水平和垂直方向的二维空间存储信息的条码
描述商品信息	只能表示商品的代码	可以存储和描述商品的具体信息

149

6.1.4　条码的识别

1．识别工具

条码的识别工具又被称为条码阅读器、条码扫描枪、条码扫描器。它是用于读取条码所包含信息的阅读设备，利用光学原理，把条码中的内容解码后通过数据线或无线的方式传输到计算机或别的设备中。普通的条码阅读器通常采用 4 种技术：光笔式、CCD 式、激光式、影像型红光式。

2．识别方式

条码的识别方式分别有手持激光笔式、影像型红光式、图像式等，如图 6-1-6 所示。

手持激光笔式

影像型红光式

图像式

图 6-1-6　条码的识别方式

项目12　制作物品条码

 项目资讯单

学习任务名称	制作物品条码	学时	1
搜集资讯的方式	资料查询、现场考察、网上搜索		

做个合法居民，超市防盗的"软标"和"硬标"

　　超市中的商品一般有两种防盗装置：一种是小型电子标签，俗称"软标"；另一种是扣针式的带磁装置，俗称"硬标"。超市防盗的软标和硬标如图 6-1-7 所示。这两种防盗装置都是利用磁安防应原理来防盗的。超市门口的报警装置又被称为"防损门"，里面装有磁安防应器。

图 6-1-7　超市防盗的软标和硬标

　　如果商品没有进行消磁处理，那么该商品通过防损门时会报警。顾客挑选完商品在收银台付款后，收银员会对有软标和硬标的商品进行消磁或取扣处理。如果是软标，则收银员会在收银台上面的消磁器上进行消磁；如果是硬标，则收银员会用专用工具将硬标与商品解开，这样顾客所购买的商品就可以安全地通过防损门了。

　　超市可以让商品供应商在包装商品时就将软标粘贴在商品里面，有些价格贵的商品会粘贴硬标，以降低商品被偷的概率。有些软标的粘贴位置很隐蔽，一般人看不见，所以大家不要存在侥幸心理去偷东西，做个合法居民。

学生资讯补充：	
对学生的要求	
参考资料	

 项目实施单

学习任务名称	制作物品条码		学时	2
序号	实施的具体步骤	注意事项	自评	
1	制作 EAN-13 码			
2	批量制作试卷条码			

任务 1　制作 EAN-13 码

1. 准备好项目所需工具及设备

在计算机上安装好 Label mx 条码软件。

2. 制作 EAN-13 码

（1）启动 Label mx 条码软件，打开 Label mx 软件窗口，如图 6-1-8 所示。单击此窗口中的"确定"按钮，新建一个空白的标签。

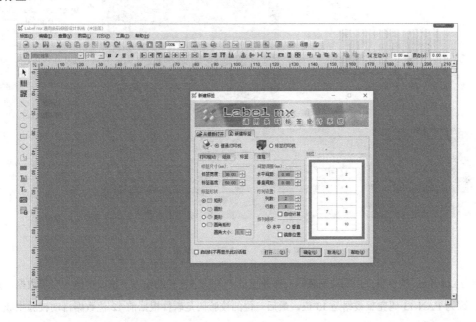

图 6-1-8　Label mx 软件窗口

（2）在左侧工具条中单击"一维条码"按钮，在 Label mx 软件窗口会出现默认的 EAN-13 标准商品条码，如图 6-1-9 所示。

图 6-1-9　一维码操作

（3）在 Label mx 软件窗口右侧属性栏的"尺寸"窗格中，可以自定义输入条码的宽度和高度，如图 6-1-10 所示。

图 6-1-10　一维码属性操作

（4）双击 Label mx 软件窗口中的商品条码，在弹出的"条码字符辅助输入"窗口中输入字符数据，只需输入前 12 位数据，因为 EAN-13 码完整数据是 13 位，最后一位的校验码是软件根据前 12 位数据自动校验生成的，输入后单击"完成"按钮，如图 6-1-11 所示。

图 6-1-11　一维码字符输入操作

（5）在菜单栏中选择"打印"→"打印设置"选项，弹出"打印设置"窗口。在"打印设置"窗口中，可以设置打印页面的属性，如图 6-1-12 所示。单击"打印预览"按钮，可以浏览条码的批量打印效果，如图 6-1-13 所示。

图 6-1-12　条码打印设置

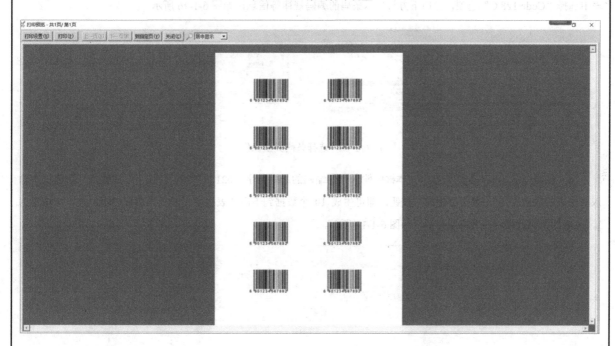

图 6-1-13　条码打印预览

任务 2　批量制作试卷条码

从 2005 年香港在试卷中使用高考条码以来，这种看似简单却极大简化考生信息管理的技术逐步被广东至全国范围采用，对网上阅卷、考生资料管理起到了信息化、快捷化和便利化的作用。

从条码的普及来讲，将条码应用到试卷当中，对条码技术的发展与应用起到了积极的推进作用。

那么，如何制作试卷上的条码呢？

（1）一般考试，每个考场的考生人数为 30 人，新建一个宽度为 50mm，高度为 20mm 的标签，设置纸张为横向，标签列数为 6，行数为 5，如图 6-1-14 所示。

153

（2）在菜单栏中选择"工具"→"流水码批量生成工具"选项（见图 6-1-15），打开"流水码批量生成工具"窗口。

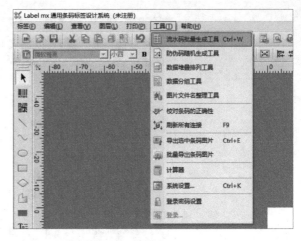

图 6-1-14　新建标签　　　　　　　　　　　　图 6-1-15　选择"流水码批量生成工具"选项

（3）在"流水码批量生成工具"窗口中，选择要编制的类型是条码数据还是普通流水号，在"选择类型"下拉列表中选择"Code 128 C"选项，窗口下方将显示条码的编码规律等信息，如图 6-1-16 所示。

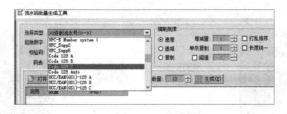

图 6-1-16　选择条码类型操作

（4）根据提示，在"起始数字"文本框中输入开始编码的起始数字"6218978901"，在"生成数量"数值框中输入要生成的数量"10"，单击"生成"按钮，即可生成 10 个数据到下面的表格中，编制规律按递增生成，增增量为1，生成的条码数据将在表格中显示，如图 6-1-17 所示。

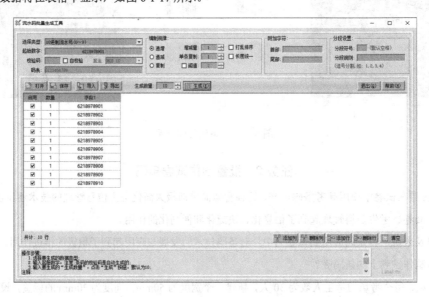

图 6-1-17　批量生成条码数据

（5）表格中的条码数据是可以编辑的，单击"添加列"按钮，即可添加新列"字段 2"，可以在"字段 2"中填入考生姓名信息，如图 6-1-18 所示。

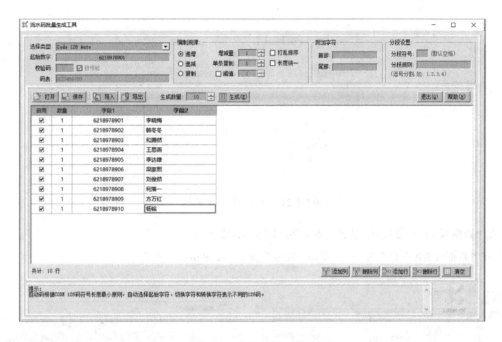

图 6-1-18　编辑条码数据

单击"导出"按钮，可以将条码数据保存为 TXT 文本格式，修改保存名为"考生信息"。

（6）新建标签条码，将条码类型设置为"Code 128 C"，使用考试号生成条码，如图 6-1-19 所示。

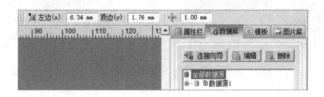

图 6-1-19　设置条码类型

（7）单击 Label mx 软件窗口右侧属性栏"数据库"选项卡中的"连接向导"按钮，在弹出的"数据源创建向导"窗口中，选中"文本文件"单选按钮，如图 6-1-20 所示。

图 6-1-20　选择数据源类型

（8）单击"下一步"按钮，在弹出的"请选择"对话框（见图 6-1-21）中，打开保存考生姓名和考试号的 TXT 文本格式文件。

图 6-1-21　"请选择"对话框

（9）在"数据源窗口"窗口中，选择文本文件，如图 6-1-22 所示。

（10）在"数据源创建向导"窗口中，单击"完成"按钮，如图 6-1-23 所示。

图 6-1-22　选择文本文件

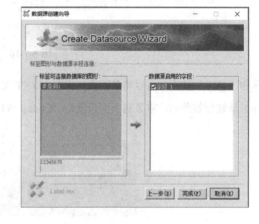

图 6-1-23　"数据源创建向导"窗口

（11）单击"打印预览"按钮，浏览条码的批量打印的效果，如图 6-1-24 所示。

图 6-1-24　打印预览效果

其中，考生的考试号是唯一的，即一人一码，把条码、姓名、考试号连接对应的字段，如图 6-1-25 所示。

图 6-1-25　试卷条码

实施评价	班别：		第　　组	组长签名：
	教师签字：		日期：	
	评语：			

项目评价单

学习任务名称		制作物品条码			
序号	评价项目	评价子项目	学生/小组自评	组长/组间互评	教师评价
1	项目资讯（20 分）	资讯效果			
2	项目实施（60 分）	制作 EAN-13 码			
3		批量制作试卷条码			
4	知识测评（20 分）				
	总分				

知识测评

一、填空题（每空 1 分，共 10 分）

1．二维码制作经历由模拟信号到转换成数字信号的 3 个阶段为＿＿＿＿＿、＿＿＿＿＿、＿＿＿＿＿。

2．PDF417 码由＿＿＿＿＿个"条"和＿＿＿＿＿个"空"，共＿＿＿＿＿个模块构成，所以被称为 PDF417 码。

3．二维码的特点：＿＿＿＿＿、＿＿＿＿＿、＿＿＿＿＿、＿＿＿＿＿。

二、选择题（每题 2 分，共 10 分）

1．二维码目前不能表示的数据类型为（　　　）。

　　A．文字　　　　　　　B．数字　　　　　　　C．二进制数字　　　　　　D．视频

2．下列不是 QR Code 码的特点的是（　　　）。

　　A．超高速识读　　　　　　　　　　　　　B．全方位识读

　　C．行排式　　　　　　　　　　　　　　　D．能够有效地表示中国汉字、日本汉字

3．矩阵式二维码有（　　　）。

　　A．PDF417　　　　B．Code49　　　　　　C．Code 16K　　　　　D．QR Code

4．堆叠式行排式二维码有（　　　）。

　　A．PDF417　　　　B．Code49　　　　　　C．Code 16K　　　　　D．QR Code

5. EPC 条码的编码方式有一维码与二维码两种，其中二维码（　　）。

    A. 密度高，容量小

    B. 可以检查码进行错误侦测，但没有错误纠正水平

    C. 可以不依赖资料库及通信网络的存在而单独应用

    D. 主要用于对物品的标识

评价	班别：		第　　组	组长签名：
	教师签字：		日期：	
	评语：			

6.2 RFID 技术

6.2.1 RFID 的概念

1. RFID 概念

电子标签又被称为射频识别标签，英文简称 RFID Tag（Radio Frequency Identification，Device Tag）。RFID 是一项自动识别技术，利用射频信号的无线通信来实现目标的自动识别。

RFID 技术使用接收和发射无线电波的电子标签存储信息，标签与识读器之间利用静电耦合、感应耦合或微波能量进行非接触的双向通信来实现存储信息的识别和数据交换。图 6-2-1 所示为用 RFID 技术识别货物的流程。

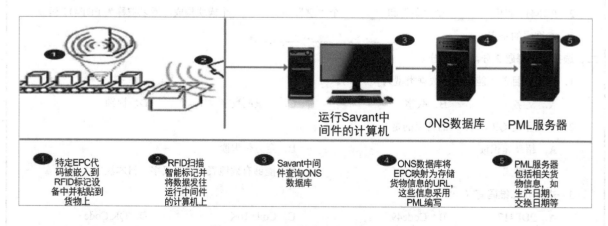

图 6-2-1　用 RFID 技术识别货物的流程

标签与识读器之间的能量传输有以下几种方式。

（1）静电耦合：识读距离在 2mm 以下，常用于固定货物的巡检等。

（2）感应耦合：识读器天线发射的磁场无方向性，常用于移动物品的识别。

（3）微波射频：识读微波方向能力很强，一般用于高速移动的物体，如运输车辆的识别等。

2．RFID 技术的发展

电子标签采用的 RFID 技术最早出现在 1937 年的美国海军实验室研发 Identification Friend-or-Foe（IFF）System 技术中，主要应用在区分战机身份。RFID 直接继承了雷达的概念，发展出了一种 AIDC 新技术——RFID 技术。1948 年，哈里·斯托克曼发表的"利用反射功率的通讯"奠定了 RFID 的理论基础。20 世纪，无线电技术的理论与应用研究是科学技术发展最重要的成就之一。RFID 技术的发展历程如表 6-2-1 所示。

表 6-2-1　RFID 技术的发展历程

时　　间	发展情况
1940—1950 年	雷达的改进和应用催生了 RFID 技术
1950—1960 年	早期的识别技术探索阶段，主要处于实验研究阶段
1960—1970 年	RFID 的理论得到了发展，开始了一些应用尝试
1970—1980 年	RFID 技术与产品研发处于一个大发展时期，出现了一些较早的 RFID 应用
1980—1990 年	RFID 技术及产品进入商业应用阶段
1990—2000 年	RFID 技术开始向标准化迈进，此类产品得到广泛采用
2000 年后	标准化问题日趋被重视，RFID 产品种类更加丰富，RFID 技术的理论更加丰富和完善，单芯片电子标签、多芯片电子标签识读等产品正在成为现实并走向应用

3．RFID 技术的特点

（1）适用性。RFID 技术依靠电磁波，不需要连接双方有物理接触。它能够无视尘、雾、塑料、纸张、木材及各种障碍物建立连接，直接完成通信。

（2）高效性。RFID 系统的读写速度极快，一次典型的 RFID 传输过程通常不到 100ms。高频段的 RFID 读写器甚至可以同时识别、读取多个标签中的内容，极大地提高了信息传输效率。

（3）独一性。每个 RFID 标签都是独一无二的，通过 RFID 标签与产品的一一对应关系，可以清楚地跟踪每件产品的流通情况。

（4）简易性。RFID 标签结构简单，识别速率高、所需读取设备简单。随着 NFC 技术在智能手机上逐渐普及，每个用户的手机都将成为最简单的 RFID 读写器。

6.2.2 RFID 系统的组成与工作原理

1. RFID 系统组成

一般 RFID 系统由 5 个组件构成，包括传送器、接收器、微处理器、天线和电子标签。传送器、接收器和微处理器通常被封装在一起，统称为读写器（Reader）或阅读器，所以工业界经常将 RFID 系统分为读写器、天线和电子标签三大组件，这三大组件一般可以由不同的生产商生产，如图 6-2-2 所示。

图 6-2-2　RFID 系统组成

1）RFID 电子标签

RFID 电子标签由耦合组件和芯片组成，并且内置天线，作用是与射频天线进行通信。每个电子标签都有独特的电子编码，放在被测物体上以达到标记目标物体的目的。电子标签中存储被测物体的信息，如图 6-2-3 所示。

图 6-2-3　RFID 电子标签

2）读写器

读写器不仅能够读取电子标签上的信息，还能够写入电子标签上的信息。应用软件系统的主要任务是把接收的数据进一步处理成人们所需的数据。无线 RFID 的距离和无线 RFID 系统的工作频段都与读写器的读写频率有直接影响，如图 6-2-4 所示。

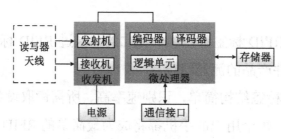

图 6-2-4　RFID 读写器组成

2. RFID 读写操作方式

RFID 读写操作方式如图 6-2-5 所示。

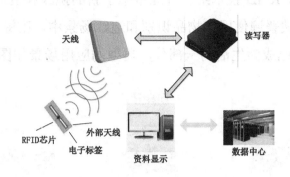

图 6-2-5　RFID 读写操作方式

（1）读写器通过发射天线发送特定频率的射频信号，当电子标签进入射频信号所处的工作区域时，会产生感应电流获得能量，电子标签被激活后将自身编号信息通过内置射频天线发送出去。

（2）读写器的接收天线接收到从电子标签发送来的调制信号，经天线调节器传送至读写器信号处理模块，解调和解码后的有效信息被传送至后台主机系统进行相关的处理。

（3）主机系统根据逻辑运算识别该电子标签的身份，针对不同的设定做出相应的处理和控制，最终发出指令信号控制读写器完成相应的读写操作。

3. RFID 系统分类

依据 RFID 电子标签工作的供电方式，可以将 RFID 系统分为有源、无源和半有源系统。有源标签支持内置电池，无源标签不支持内置电池，半有源标签特殊部分需要借助电池工作，如图 6-2-6 所示。

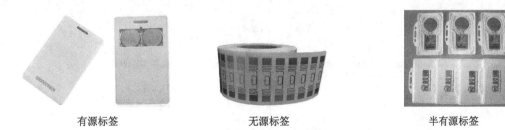

有源标签　　　　　　　　无源标签　　　　　　　半有源标签

图 6-2-6　按供电方式分类的 RFID 系统

依据 RFID 电子标签的读写功能分类，可分为只读式（RO）和单次写入多次读取式（OTP）。

只读式标签成本最低，仅有 ROM 和 RAM，在制造时便写入其程序及数据编码，使用者无法更改数据内容。可读写标签允许使用者单次写入数据，EEPROM 是比较常见的一种，可以实现擦除原有数据及重新写入数据。

161

6.2.3 RFID 的应用场景

在万物互联的时代，RFID 技术给各行业带来了新的挑战和机遇。RFID 技术早已渗透到生活中的方方面面，被普遍使用在物品识别和追踪场景中，让每个物品都拥有自己的身份证（ID）。RFID 技术已成为生活的一部分，典型的应用场景如图 6-2-7 所示。

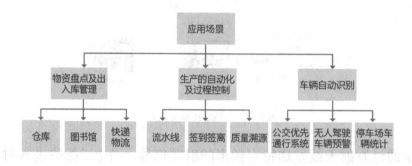

图 6-2-7　RFID 典型的应用场景

1. 物资盘点及出入库管理

利用 RFID 技术，对固定资产进行标签式管理，通过加装 RFID 电子标签，在出入口等位置安装 RFID 识别设备，实现资产全面可视和信息实时更新，监控资产的使用和流动情况。

将 RFID 技术用于智能仓库货物管理，可以有效地解决仓库里与货物流动相关信息的管理、监控货物信息、实时了解库存情况、自动识别盘点货物、确定货物的位置。图 6-2-8 所示为 RFID 物资盘点管理系统拓扑图。

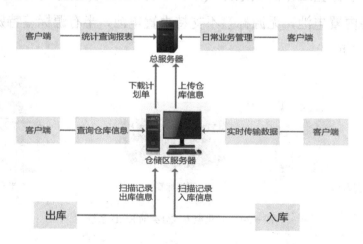

图 6-2-8　RFID 物资盘点管理系统拓扑图

RFID 技术在资产管理领域的典型应用：RFID 仓库管理系统、RFID 固定资产管理系统、透明保洁智能监管系统、垃圾收运智慧监管系统、电子标签亮灯拣货系统、RFID 图书管理系统、RFID 巡线管理系统、RFID 档案管理系统等。

2．生产的自动化及过程控制

RFID 技术因具有抗恶劣环境能力强、非接触识别等特点，在生产过程控制中有很多应用。通过在大型工厂的自动化流水作业线上使用 RFID 技术，可以实现物料跟踪和生产过程自动控制、监视，提高生产效率，改进生产方式，降低成本。生产自动化控制系统如图 6-2-9 所示。

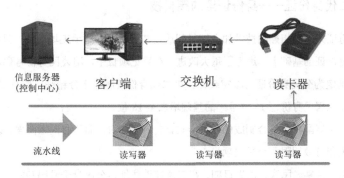

图 6-2-9　生产自动化控制系统

RFID 技术在智能制造领域的典型应用：RFID 生产报工系统、RFID 生产跟踪及追溯系统、AGV（Automated Guided Vehicle）无人搬运站点识别系统、巡检机器人路径识别系统、混凝土预制构件质量追溯系统等。

3．车辆自动识别

通过采用 RFID 对车辆进行识别，能够随时了解车辆的运行情况。对车辆加装 RFID 电子标签，给车辆配发一张固定且唯一的"电子行驶证"。RFID 电子标签通过读写器识别道路上行驶的各种车辆信息，实现车辆的实时自动跟踪管理。图 6-2-10 所示为车辆自动识别。

图 6-2-10　车辆自动识别

RFID 技术在车辆识别领域的典型应用：公交优先通行系统、无人值守自动称重系统、土石方车辆自动计数管理系统、无人驾驶车辆路线预警系统、铁水罐罐号自动识别系统、远距离车辆自动识别系统、巷道车辆优先通行系统等。

项目 13　制作健康养护班级的门禁卡

项目资讯单

学习任务名称	制作健康养护班级的门禁卡		学时	1
搜集资讯的方式	资料查询、现场考察、网上搜索			

谈谈我们的第二代身份证——身份证里的高科技

我国第一代居民身份证采用照相翻拍技术加上塑封制成，甚至有不少是手工填写的，只能肉眼辨认，易于伪造。第二代身份证在第一代身份证的基础上，进行了重大改进。在登记项目中，用公民身份号码取代原居民身份证号码，这意味着将居民身份证确定为公民身份证的法定载体。第二代身份证制作十分精细，照片要求为一寸近期正面免冠彩色头像照，证件号码在原居民身份证 15 位号码的基础增加至 18 位。

第二代身份证是由多层聚酯材料复合制成的单页卡式证件，证件的正面印有国徽图案、证件名称、长城图案、彩色花纹、证件的签发机关和有效期限两个登记项目。

证件的背面印有姓名、性别、民族、出生日期、户口所在地住址、公民身份号码和本人相片，并印有彩色花纹，图案底纹为彩虹扭索花纹，颜色从左到右为从浅蓝色到浅粉色再到浅蓝色。第二代身份证还预留了居民指纹信息的区域。

第二代身份证使用非接触式 IC 卡芯片作为"机读"存储器，芯片采用 IC 卡技术，内含 RFID 芯片。

RFID 芯片存储容量大，写入的信息可以划分安全等级，分区存储姓名、地址、照片等信息；按照管理需要授权读写，也可以将变动信息（如住址变动）追加写入；芯片使用特定的逻辑加密算法，有利于证件制发、使用中的安全管理，增加防伪功能，且无法复制，高度防伪；RFID 芯片和电路线圈在证卡内封装，能够保证证件在各种环境下正常使用，使用寿命在十年以上；RFID 芯片具有读写速度快，使用方便，易于保管，以及便于各用证部门使用计算机网络核查等优点。

第二代身份证里的 RFID 芯片以其拥有的无接触式读取信息能力而闻名。例如，在地铁站、火车站、飞机场、码头等人流密集的地方的出入口处架设远距离高频 RFID 读写器，犯罪分子即使不拿出身份证，在经过该出入口时也能被 RFID 读卡器识别出个人信息。公安部门因此可以判别出其是否为逃犯，从而达到预警抓获的目的。

认识 RFID 读写器、IC 卡

RFID 读写器又被称为 IC 卡读写器，简称读卡器。RFID 读写器是一种读取数据的设备，可以支持数据的读取和写入。由于早期 USB 接口并不普及，数码相机的输出口都是同计算机的串口连接的，串口的数据传输速率很低，把这些数据复制到硬盘上，要花费大量的时间等待，因此读写器就应运而生了，如图 6-2-11 所示。

图 6-2-11　读写器

IC 卡（Integrated Circuit Card，集成电路卡），又被称为智能卡、智慧卡或微芯片卡等。IC 卡的概念是在 20 世纪 70 年代初被提出来的，法国的布尔公司于 1976 年首先创造出了 IC 卡产品，并将这项技术应用于金融、交通、医疗

等行业，将微电子技术和计算机技术结合在一起，提高了人们工作、生活的现代化程度。它是将一个微电子芯片嵌入到符合 ISO 7816 标准的卡基中，做成卡片的形式。IC 卡与读写器之间的通信方式可以是接触式的也可以是非接触式的。图 6-2-12 所示为 IC 卡。

IC 卡钥匙

空白 IC 卡

图 6-2-12　IC 卡

IC 卡的特点如下。

（1）体积小而且轻，非常便于携带。

（2）存储容量大，卡内含微处理器，存储器可分成若干应用区，便于一卡多用，方便保管。

（3）IC 卡防磁、防静电、抗干扰能力强，可靠性比磁卡高。

（4）使用寿命长，信息可读/写十万次。

（5）保密性强、安全性高，IC 卡本身具有硬件安全设置，可以控制 IC 卡内某些区的读/写特性，如果试图解密，则这些区会自锁，即不可进行读/写操作。

学生资讯补充：

对学生的要求	1. 了解制作门禁卡所需要的设备； 2. 清楚门禁卡的制作过程
参考资料	

 项目实施单

学习任务名称	制作健康养护班级门禁卡		学时	2
序号	实施的具体步骤	注意事项	自评	
1	准备好项目所需工具及设备			
2	连接 RFDI 读卡器设备			
3	安装驱动			
4	制作门禁卡			
5	测试门禁卡			

任务　制作健康养护班级的门禁卡

1. 准备好项目所需工具及设备

RFID 读卡器、USB 数据线、计算机。

2. 连接 RFID 读卡器设备

RFID 读卡器连接计算机所需设备如图 6-2-13 所示。

RFID 读卡器正面   RFID 读卡器反面   USB 数据线   计算机

图 6-2-13　RFID 读卡器连接计算机所需设备

3. 安装驱动

1）连接硬件

将 USB 数据线连接 RFID 读卡器和计算机 USB 接口后，RFID 读卡器的指示灯常亮，如图 6-2-14 所示。

2）查看是否已安装 RFID 读卡器驱动

查看是否已安装 RFID 读卡器驱动，如图 6-2-15 所示。

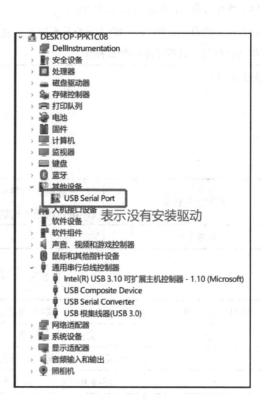

图 6-2-14　RFID 的指示灯常亮   图 6-2-15　查看是否已安装 RFID 读卡器驱动

　　连接好设备后，右击"此电脑"，在弹出的对话框中选择"管理"选项，打开"计算机管理"窗口；选择"设备管理器"选项，查看 RFID 读卡器驱动是否已安装，若有黄色感叹号，则说明驱动没有安装，需要安装驱动后才能正常使用。

　　具体安装步骤：根据上述步骤，右击"设备管理"选项下的黄色感叹号，在弹出的快捷菜单中选择"更新驱动程序"选项，弹出"更新驱动程序"对话框；选择"浏览我的电脑以查找驱动程序"选项，如图 6-2-16 和图 6-2-17 所示。

找到驱动程序后进行安装。

黄色感叹号消失，说明驱动安装成功，串口号为 COM4，如图 6-2-18 所示。

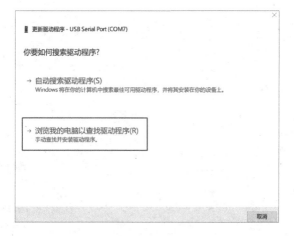

图 6-2-16　更新驱动程序

图 6-2-17　完成更新驱动程序

图 6-2-18　完成安装驱动程序

4．制作门禁卡

右击"智能家居配置工具 2019"软件，在弹出的快捷菜单中选择"以管理员身份运行"选项，打开该软件，如图 6-2-19 所示。

图 6-2-19　"智能家居配置工具 2019"软件

按如图 6-2-20 所示的顺序配置串口属性。

打开串口后，将门禁卡放在读卡器上面，单击"读取标签号"按钮，如图 6-2-21 所示。

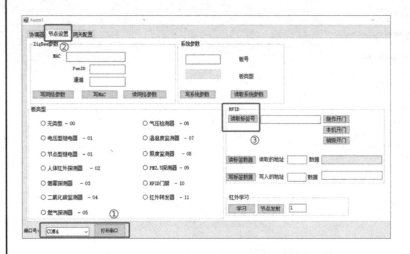

图 6-2-20　配置串口属性操作

图 6-2-21　读取串口标签操作

每张 IC 卡都有固定的标签号，不可修改，在制作门禁卡前需要销毁一次。单击"销毁开门"按钮，如图 6-2-22 所示。

单击"制作开门"按钮，如图 6-2-23 所示。

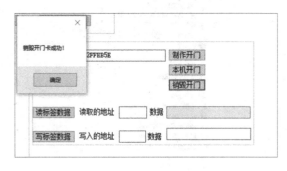

图 6-2-22　销毁开门操作

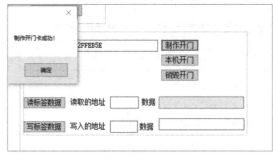

图 6-2-23　制作开门卡操作

这样一张属于你的门禁卡就制作完成了。

5. 测试门禁卡

将制作好的门禁卡靠近读卡器，若发现指示灯亮，并且发出"嘟嘟嘟"的声音，则说明读卡成功，继电器有开合动作。

实施评价	班别：		第　　　组	组长签名：
	教师签字：		日期：	
	评语：			

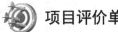 **项目评价单**

学习任务名称		制作健康养护班级的门禁卡			
序号	评价项目	评价子项目	学生/小组自评	组长/组间互评	教师评价
1	项目资讯（20 分）	资讯效果			
2	项目实施（60 分）	准备好项目所需工具及设备			
3		连接 RFDI 读卡器设备			
4		安装驱动			
5		制作门禁卡			
6		测试门禁卡			
7	知识测评（20 分）				
	总分				

知识测评

一、填空题（每空 1 分，共 10 分）

1．RFID 通常由_____、_____和_____3 部分组成。

2．RFID 读写器的主要任务是_____。

3．电子标签正常工作所需的能量全部是由读写器供给的，这类电子标签为_____。

4．电子标签芯片是电子标签的一个重要组成部分，主要负责_____标签内部信息，还负责对标签从_____到的信号及_____出去的信号做一些必要的处理。

5．RFID 系统按供电方式可分为_____标签和_____标签。

二、画图题（10 分）

简单描述 RFID 的工作过程，并画出示意图。

评价	班别：		第　　　组		组长签名：
	教师签字：		日期：		
	评语：				

169

6.3 认识传感器技术

6.3.1 传感器的概念

传感器让机器有了更加接近人类的各种感知功能。人的感官可以感知外界事物的信息，传感器也能通过系统感知信息、获取信息。传感器扮演了机器的"电五官"和感知工具的功能。图 6-3-1 所示为人与传感器的功能对应关系。

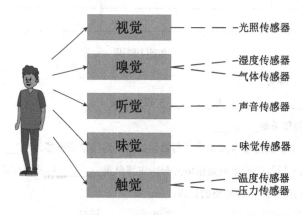

图 6-3-1　人与传感器的功能对应关系

6.3.2 传感器的组成与工作原理

1. 传感器的组成

根据国家标准 GB7665-87，传感器被定义为"能感受规定的被测量并按照一定的规律转换成可用信号的器件或装置，通常由敏感元件和转换元件组成"。传感器一般由敏感元件、转换元件、转换电路 3 部分组成，有时还需外加辅助电源提供转换能量，如图 6-3-2 所示。

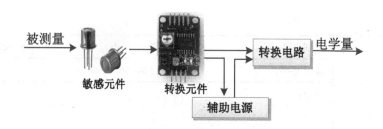

图 6-3-2　传感器的组成

敏感元件：传感器中能直接感受或响应被测量的部分。

转换元件：传感器中能将敏感元件输出的非电量信号转换为电信号，便于传输和测量。

转换电路：将电量参数转换成便于测量的电压或电流等电量信号，如放大器、振荡器、交直流电桥等。

2．传感器的工作原理

传感器的原理：通过敏感元件及转换元件把特定的被测信号，按一定规律转换成某种"可用信号"并输出，以满足信息的传输、处理、记录、显示和控制等要求。

传感器能够感受压力、温度、声强、光照等物理量，并能把这些物理量按照一定的规律转换为电流、电压等电学量，或者转换为电路的通断，如图 6-3-3 所示。

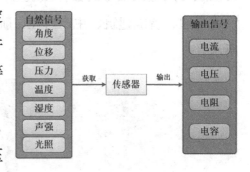

图 6-3-3　传感器的工作原理

6.3.3　传感器的分类

传感器的种类繁多，分类方法各异，可以按工作原理、输出信号的性质、用途进行分类。

1．按工作原理分类

传感器按工作原理可分为电阻式传感器、电容式传感器、电感式传感器、电压式传感器、霍尔传感器、光电式传感器、光栅式传感器、热电偶传感器等。

2．按输出信号的性质分类

传感器按输出信号的性质可分为开关型传感器、模拟型传感器、数字型传感器。

1）开关型传感器

开关型传感器对输出信号进行判断，当被测量的信号达到某个阈值时，传感器会输出一个相应的电平信号（高电平和低电平或"1"和"0"）。

2）模拟型传感器

模拟型传感器可以将被测量的非电学信号转换成模拟信号，通常输出电压或电流信号。

3）数字型传感器

数字型传感器可以将被测量的非电学信号转换成数字信号。

3．按用途分类

传感器按用途可分为力敏传感器、位移传感器、速度传感器、湿敏传感器、热敏传感器、液位传感器、声音传感器、其他传感器。

6.3.4 常用的传感器

1. 力敏传感器

力敏传感器通常由力敏元件及转换元件组成，是一种能感受作用力并按一定规律将其转换成可用输出信号的器件或装置。力敏传感器广泛应用于各种工业控制，涉及水利水电、铁路交通、智能建筑、生产自控、航天航空、电力、医疗等众多行业，相关设备如图 6-3-4 所示。

电阻应变式压力传感器 　　 管道压力计 　　 血压计 　　 WPAH01 陶瓷压力传感器

图 6-3-4　力敏传感器及其设备

2. 位移传感器

位移传感器又被称为线性传感器，是一种属于金属感应的线性器件，作用是把各种被测物理量转换为电学量。位移传感器可以分为两种：直线位移传感器和角度位移传感器。位移传感器常应用于汽车、火车、船舶等交通工具，也应用于海事测量、钻井、军事等领域，如图 6-3-5 所示。

直线位移传感器 　　 激光位移传感器 　　 角度位移传感器 　　 拉线位移传感器

图 6-3-5　位移传感器

3. 速度传感器

速度传感器是测量被测物体速度的传感器，又分为线速度传感器和角速度传感器，相关设备如图 6-3-6 所示。

4. 湿敏传感器

湿敏传感器是一种能够感受气体中水蒸气含量，并将其转换成可用输出信号的传感器。湿敏传感器主要用于环境监测、机械工程等领域，相关设备如图 6-3-7 所示。

激光测速仪	转速传感器	测速发电机	角速度传感器

图 6-3-6　速度传感器及其设备

绝对湿敏传感器	湿度传感器模块	湿敏电阻	湿度传感器

图 6-3-7　湿敏传感器及其设备

5．热敏传感器

热敏传感器是利用某些物体的物理性质随温度变化而变化的敏感材料制成的传感器。热敏传感器按测量方式不同可分为接触类和非接触类两大类，相关设备如图 6-3-8 所示。

接触类温度传感器	非接触类温度传感器	环境温度传感器	各类温度传感器探头

图 6-3-8　热敏传感器及其设备

6．液位传感器

液位传感器是一种测量液体位置的传感器，常应用于石油化工、水文监测等领域，如图 6-3-9 所示。

浮球式液位传感器	静压式液位传感器	音叉振动式液位传感器

图 6-3-9　液位传感器

173

7．声音传感器

声音传感器的作用相当于一个话筒（麦克风），将声音信号转换为电信号。声音传感器常应用于日常生活、军事、医疗、AI 等领域，是现代化社会发展不可或缺的一部分，相关设备如图 6-3-10 所示。

| 麦克风 | 声音传感器 | 语音控制音箱 | 噪声监测仪 |

图 6-3-10　声音传感器及其设备

8．其他传感器

除了以上介绍的传感器，常见的传感器还有震动传感器、人体红外传感器、酒精传感器、指纹识别传感器、燃气传感器、土壤酸碱度传感器等，如图 6-3-11 所示。

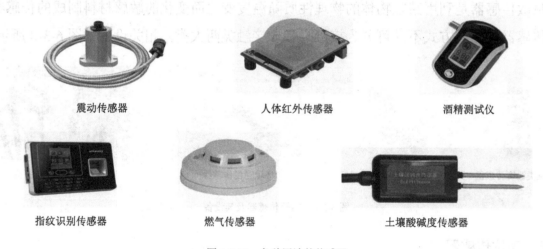

震动传感器　　　　人体红外传感器　　　　酒精测试仪

指纹识别传感器　　　　燃气传感器　　　　土壤酸碱度传感器

图 6-3-11　各种用途的传感器

6.3.5　选用传感器的注意事项

在选择使用传感器时，首先要考虑尽可能地满足应用场景和应用系统的参数要求，然后根据参数要求确定传感器的精度和性能。

传感器的性能指标主要包括灵敏度、精确度、工作量程、延迟响应、稳定性 5 方面。除此之外，传感器的测量方式（也就是传感器在实际条件下的工作方式）也是选择传感器时应考虑的重要因素。其他方面包括传感器的安装现场条件、使用环境、信号传输距离等因素也会影响选择传感器。选用传感器的具体注意事项如表 6-3-1 所示。

表 6-3-1　选用传感器的具体注意事项

性能指标	注意事项
灵敏度	要注重选择高信噪比的传感器，这样可以避免干扰信号影响传感器的测量结果
精确度	首先根据系统需求确定传感器的精确度要求，然后在精确度要求的范围内选择合适的传感器
工作量程	传感器能正确输出的范围，当超出这个测量范围时，传感器可能无法正常工作
延迟响应	传感器接收到被测量物体的输入信号后，与输出信号之间的时间差
稳定性	影响传感器稳定性的主要因素是环境和时间。工作环境的温度、湿度、尘埃、震动等都会影响传感器的稳定性，使其输出量发生变化。在选择传感器时，要先了解传感器的使用环境，选择符合使用环境要求的传感器

6.3.6　传感器的应用

信息化的 21 世纪，离不开传感器。传感器已经广泛应用于电子计算机、生产自动化、现代信息、军事、交通、化学、环保、能源、海洋开发、遥感、宇航等领域。

1．传感器在环境保护上的应用

我国现在的生环境受到了极大的污染困扰，主要是工业的发展造成了严重的污染。特别是在工业较发达的地方，出现了严重的 PM2.5 超标、土壤重金属含量超标等环境问题，这些环境因素可以通过相应的传感器检测出来。图 6-3-12 所示为用土壤酸碱度检测仪测量土壤。

2．传感器在机器人中的应用

一直以来，机器人多数是用来进行加工、组装、检验等工作的。目前，在劳动强度大或危险作业的场所，已逐步使用机器人取代人的工作。机器人非常适合承担一些高速度、高精度的工作。生产用的智能机械手臂中应用了位置和角度传感器，如图 6-3-13 所示。

图 6-3-12　用土壤酸碱度检测仪测量土壤　　　　图 6-3-13　传感器在机械手臂中的应用

3．传感器在家用电器中的应用

传感器在电子炉灶、自动电饭锅、吸尘器、空调器、电子热水器、热风取暖器、风干器、报警器、电熨斗、电风扇、游戏机、电子驱蚊器、洗衣机、洗碗机、照相机、电冰箱、彩色电视机、平板电视、录像机、录音机、收音机、影碟机及家庭影院等方面得到了广泛的应用。现代家用电器中普遍应用着传感器，如图 6-3-14 所示。

图 6-3-14　传感器在家用电器中的应用

4．传感器在物联网中的应用

在物联网应用中有 3 项关键技术，其中包括传感器技术。各种各样的传感器广泛应用于物流、智能驾驶、环境监测等领域，如图 6-3-15 所示。

图 6-3-15　传感器在物联网中的应用

6.3.7　传感器的发展

在自动化、信息化的快速演进背景下，传感器已经成为工业发展中不可缺少的存在。

随着 AI、物联网、5G 等前沿科技的不断发展，传感器在国内市场规模不断扩大。传感器的发展趋势有以下方面。

1. 采用 MEMS 等高新技术开发传感器

高速发展的 MEMS（微电子机械系统）技术、纳米技术成为了新一代微传感器、微系统的核心技术，也是 21 世纪传感器技术领域中具有革命性变化的高新技术。

新一代传感器通过发现与利用物理现象、化学反应和生物效应等新效应来实现。加速开发新型敏感材料、微电子、光电子、生物化学、信息处理等各种学科及各种新技术，并通过其互相渗透和综合利用，研制出一批性能先进的传感器。

2. 传感器的微型化

微传感器的特征之一是体积小，其敏感元件的尺寸一般为微米级，是由微机械加工技术制成的，包括光刻、腐蚀、淀积、键合和封装等工艺，实现了压力、力、加速度、角速率、应力、应变、温度、流量、成像、磁场、温度、pH 值、气体成分、离子和分子浓度及生物传感器等。例如，美国 Entran 公司生产的量程为 2～500psi（1psi=6.89kPa）的微型压力传感器，直径仅为 1.27mm，可以放在人体的血管中且不会对血液流通产生大的影响。

3. 传感器的集成化

传感器的集成化包含以下 3 方面含义。

（1）将传感器与其后级的放大电路、运算电路、温度补偿电路等制成一个组件，实现一体化。与一般传感器相比，传感器的集成化具有体积小、反应快、抗干扰、稳定性好等优点。

（2）将同一类传感器集成于同一芯片上构成二维阵列式传感器，又被称为面型固态图像传感器，可用于测量物体的表面状况。

（3）传感器能感知与转换两种或两种以上不同的物理量。

4. 传感器的智能化

传感器的功能突破了传统传感器的功能，输出不再是单一的模拟信号，而是经过微型计算机处理好的数字信号，有的甚至具有控制功能，这就是数字传感器。数字传感器的特点如下。

（1）数字传感器将模拟信号转换成数字信号输出，提高了传感器输出信号抗干扰能力，特别适用于电磁干扰强、信号距离远的工作现场。

（2）软件对传感器进行线性修正及性能补偿，减少系统误差。

（3） 致性与互换性好。

项目 14　采集健康养护班级的环境数据

 项目资讯单

学习任务名称	采集健康养护班级的环境数据		学时	1
搜集资讯的方式	资料查询、现场考察、网上搜索			

🔍 细数中国高铁系统中的传感器——厉害了，中国高铁

高铁是高速铁路的简称，最高运营速度达到了 300km/h，在如此高的速度中安全运行，必须要有一套稳定的系统。在一节一节的车厢中，有许多地方使用了传感器。

内端墙拉门为电动式自动门，由天花板内置的光线开关的探测信号，控制内端墙拉门的自动开/闭，如图 6-3-16 所示。

洗脸盆中的光电传感器感应到使用者伸出的手，会分别自动进行出水、停水的动作，如图 6-3-17 所示。

 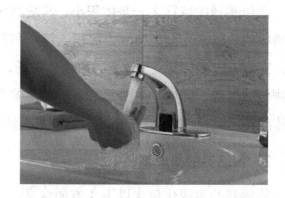

图 6-3-16　自动门感应器　　　　　　　　　　图 6-3-17　感应洗脸盆

烟雾传感器遍布动车组的车厢、吧台、厕所等场所，分为光学式传感器（对烟头等红外光线进行感测）、吸入式传感器（对烟雾颗粒进行感测）、热度式传感器（对周围环境温度进行感测）等多种类型。它们能极为敏锐地探测各节车厢内的烟雾浓度和温度等数据，并将探测到的数据实时传输给控制主机。烟雾传感器与控制主机联网组成一个报警系统，一旦动车组内的温度和烟雾浓度达到设定值，安装在车厢内的烟雾传感器将会迅速地采集数据，输入控制主机进行实时分析，通过安装在司机室内的 IDU 显示屏显示火情信息并发出报警。司机发现警报信息能及时采取措施，将火情消灭在萌芽状态，如图 6-3-18 所示。

图 6-3-18　安装在车厢内的烟雾传感器

在车厢内，有一块滚动的 IDU 显示屏，该显示屏上显示车厢内和车厢外的温度，如图 6-3-19 所示。在车厢内外安装温度传感器就能及时让乘客知道车厢内外的温度，如图 6-3-20 所示。

图 6-3-19　车厢内的 IDU 显示屏显示温度　　　　图 6-3-20　安装在车厢内的温度传感器

　　高铁上使用的速度传感器主要是采集列车的速度数据。速度传感器有 3 种,分别为光电式车速传感器、磁电式车速传感器、霍尔式车速传感器。

　　(1) 光电式车速传感器:由带孔的转盘、两个光导体纤维、一个发光二极管、一个作为光传感器的光电三极管组成。发光二极管透过转盘上的孔照到光电二极管上实现光的传递与接收。

　　(2) 磁电式车速传感器:模拟交流信号发生器,产生交变电流信号,通常由带两个接线柱的磁芯及线圈组成。磁组轮上的逐个齿轮将产生一一对应的系列脉冲,其形状是一样的。输出信号的振幅与磁组轮的转速成正比(车速),信号的频率大小表现为磁组轮的转速大小。

　　(3) 霍尔式车速传感器:主要应用在曲轴转角和凸轮轴位置上,用于开关点火和燃油喷射电路触发,还应用在其他需要控制转动部件的位置和速度控制计算机电路中。霍尔式车速传感器由一个几乎完全闭合的包含永久磁铁和磁极部分的磁路组成,一个软磁铁叶片转子穿过磁铁和磁极间的气隙,在叶片转子上的窗口允许磁场不受影响地穿过并到达霍尔效应传感器,而没有窗口的部分则中断磁场。图 6-3-21 所示为高铁上使用的速度传感器。

179

　　　光电式车速传感器　　　　　　　磁电式车速传感器　　　　　　　霍尔式车速传感器

图 6-3-21　高铁上使用的速度传感器

学生资讯补充:

对学生的要求	1. 了解监测班级环境所用到的传感器; 2. 了解配置传感器的过程
参考资料	

项目实施单

学习任务名称	采集健康养护班级的环境数据	学时	2
序号	实施的具体步骤	注意事项	自评
1	准备好项目所需工具及设备		
2	使用软件配置协调器		
3	使用软件配置传感器参数		
4	读取传感器中的采集数据		
5	安装传感器		

任务　采集健康养护班级的环境数据

1. 准备好项目所需工具及设备

数据线 1 条、温湿度传感器 1 个、光照传感器 1 个、协调器 1 个、计算机 1 台。

2. 使用软件配置协调器

右击"智能家居配置工具 2019"软件（见图 6-3-22），在弹出的快捷菜单中选择"以管理员身份运行"选项，打开该软件。

图 6-3-22　"智能家居配置工具 2019"软件

在"Form1"窗口中，选择"节点设置"选项卡，单击"打开串口"按钮，如图 6-3-23 所示。

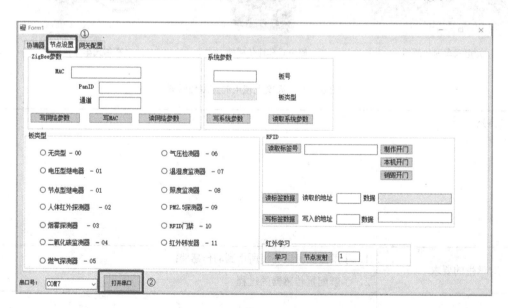

图 6-3-23　配置串口属性

读取协调器的信息并确认 MAC 地址、PAN ID、板号，如图 6-3-24 所示。正确连接好设备后，单击"读网络参数"按钮，将显示相应协调器的 MAC 地址和 PAN ID（见图中③部分）；单击"读取系统参数"按钮，将显示相应协调器的板号（见图中④部分）。

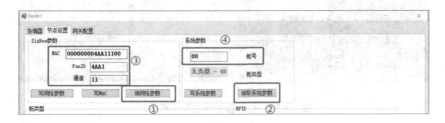

图 6-3-24　配置协调器

3．使用软件配置传感器参数

使用数据线将温湿度传感器与计算机相连，在"智能家居配置工具 2019"软件中配置相同的 PAN ID 和通道号，分别单击"写网络参数"和"写系统参数"按钮，如图 6-3-25 所示。

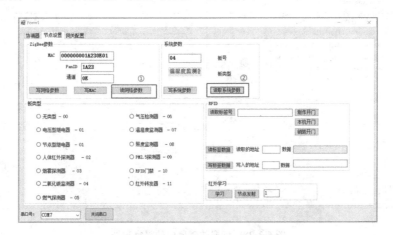

图 6-3-25　配置温湿度传感器

同理，配置光照传感器也是同样的操作，如图 6-3-26 所示。

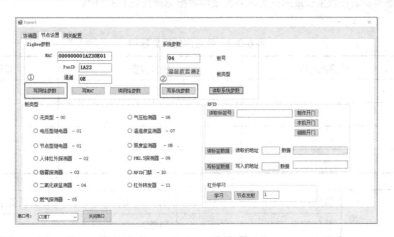

图 6-3-26　配置光照传感器

4．读取传感器中的采集数据

协调器和传感器组网成功，实物效果如图 6-3-27 所示。

图 6-3-27　协调器和传感器组网成功

在软件窗口中能正常读取传感器中的采集数据，如图 6-3-28 所示。

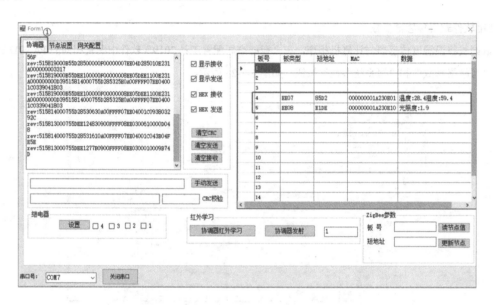

图 6-3-28　读取传感器中的采集数据

5．安装传感器

将配置好的传感器安装在教室合适的位置，并将采集数据记录在表 6-3-2 中。

表 6-3-2　教室内的采集数据

序　号	传感器名称	摆放位置	采集数据值
1			
2			
3			
4			

实施评价	班别：		第　　组	组长签名：
	教师签字：		日期：	
	评语：			

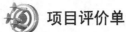 **项目评价单**

学习任务名称		采集健康养护班级的环境数据			
序号	评价项目	评价子项目	学生/小组自评	组长/组间互评	教师评价
1	项目资讯（20分）	资讯效果			
2	项目实施（60分）	准备好项目所需工具及设备			
3		使用软件配置协调器			
4		使用软件配置传感器参数			
5		读取传感器中的采集数据			
6		安装传感器			
7	知识测评（20分）				
	总分				

知识测评

一、选择题（每空 2 分，共 10 分）

1. 将感受的非电量直接转换为电量的器件被称为（　　）。

　　A．敏感元件　　　　B．预变换器　　　　　C．转换元件　　　　　D．传感器

2. 传感器一般由 3 部分组成，其中包括（　　）。

　　A．传感器的接口　　B．敏感元件　　　　　C．转换元件

　　D．测量电路　　　　　　　　　　　　　　 E．软件技术

3. 基于光生伏特效应的光电器件是（　　）。

　　A．光敏电阻　　　　B．光电池　　　　　　C．光电管　　　　　　D．光电倍增管

4. 利用热电效应测量温度的传感器是（　　）。

　　A．铂电阻　　　　　B．热电偶　　　　　　C．铜电阻　　　　　　D．热敏电阻

5. 热敏电阻的耗散功率系数随周围环境介质的变化而变化，利用这种变化可将其用于（　　）。

　　A．火灾报警设备中的灵敏元件　　　　　　B．气体、液体的流量测量

　　C．温度补偿　　　　　　　　　　　　　　D．延时电路

二、填空题（每空 1 分，共 10 分）

1. 传感器的组成通常由＿＿＿＿＿、＿＿＿＿＿和＿＿＿＿＿＿组成。

2. 传感器按被测量分类为＿＿＿＿＿、＿＿＿＿＿、＿＿＿＿＿传感器。

3. 传感器按转换原理分类为＿＿＿＿＿、＿＿＿＿＿和＿＿＿＿＿＿传感器。

4. 小度音箱中使用了＿＿＿＿传感器。

	班别：	第　　　组	组长签名：
评价	教师签字：	日期：	
	评语：		

第 7 章

物联网数据传输

 知识目标

（1）熟悉无线通信网络以太网、WiFi、蓝牙、红外线通信、NFC、移动通信、NB-IoT 技术的发展、特点和优势。

（2）熟悉用以太网、WiFi、蓝牙、红外线通信、NFC、移动通信、NB-IoT 技术组建无线通信网络的方案和技术。

（3）熟悉移动通信的发展历史，增强技术强国的信心。

（4）熟悉 ZigBee 规范基础理论知识。

技能目标

（1）掌握搭建家庭无线通信网络的技术和项目技能。

（2）掌握搭建个人无线通信网络的技术和项目技能。

（3）熟练搭建 ZigBee 开发环境。

7.1 搭建无线通信网络

7.1.1 以太网

1. 以太网的发展背景

以太网是最成功的局域网技术，也是当前应用最广泛、最成熟的一种局域网。1982 年，

IEEE 公布了与以太网规范兼容的 IEEE 802.3 标准，该标准中规定了多种类型的以太网，包括标准以太网（10Mbps）、快速以太网（100Mbps）、千兆以太网和万兆以太网。以太网的发展经历了 4 个阶段。

第 1 阶段（1973 年—1982 年）：以太网的产生与 DIX 联盟。

第 2 阶段（1982 年—1991 年）：10Mbps 以太网发展成熟。

第 3 阶段（1992 年—1997 年）：快速以太网的出现。

第 4 阶段（1997 年至今）：千兆、万兆级以太网的出现。

2．以太网的分类

以太网是基于总线型的广播式网络，采用 CSMA/CD 介质访问控制方法。非常常用的基带 802.3 以太网有以下 4 种。

1）10Base-5（粗缆以太网）

10Base-5 工作速率为 10Mbps，基带传输，最大段长为 500m。由于高速交换以太网技术的广泛应用，在新建的局域网中，10Base-5 很少被采用。10Base-5 网络的物理拓扑如图 7-1-1 所示。

2）10Base-2（细缆以太网）

10Base-2 工作速率为 10Mbps，基带传输，最大段长为 185m。细缆价格便宜，又比较灵活，在小型局域网或工作组环境中比较普遍使用。10Base-2 网络的物理拓扑如图 7-1-2 所示。

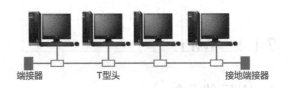

图 7-1-1　10Base-5 网络的物理拓扑　　　　图 7-1-2　10Base-2 网络的物理拓扑

3）10Base-T（双绞线电缆以太网）

10Base-T 是以太网中最常用的一种标准，采用星型拓扑结构。10Base-T 的组网由网卡、集线器、RJ-45、双绞线等设备组成。

10Base-T 具有技术简单、价格低、可靠性高、易于实现综合布线和易于管理、维护、升级等优点，比 10Base-5 和 10Base-2 技术有更大的优势。10Base-T 网络的物理拓扑如图 7-1-3 所示。

4）10Base-F（光纤以太网）

10Base-F 用多模光纤作为传输介质，在介质上传输的是光信号，而不是电信号。

多模光纤介质适宜相对距离较远的站点，所以 10Base-F 常用于建筑物之间的连接，能够构建园区主干网。10Base-F 具有传输距离长、安全可靠、可避免电击等优点。10Base-F 已经较少被采用，代替其的是具有更高速率的光纤以太网。

图 7-1-3 10Base-T 网络的物理拓扑

3. 以太网的应用

随着数据仓库、高清晰度图像及 3D 图形的应用，网络数据流量迅速增加，原有的 10 Mbps 局域网已难以满足通信要求，高速局域网应运而生，包括快速以太网、千兆以太网、万兆以太网等，如图 7-1-4 和图 7-1-5 所示。

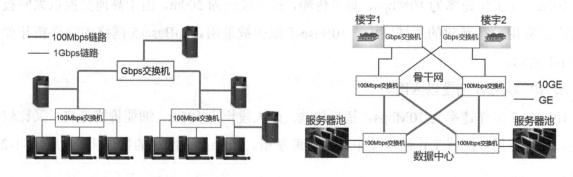

图 7-1-4 千兆以太网组网的示例   图 7-1-5 10GE 以太网组网的示例

7.1.2 WiFi

1. WiFi 的概念

WiFi 的英文全称是 Wireless Fidelity。WiFi 实现了 PDA、手机等移动终端的无线互联通信。WiFi 既是一种无线互联网技术，又是一种由 WiFi 联盟持有的品牌。WiFi 最大的优点是传输速率较快，可以达到 11Mbps，并且有效距离很长，与已有的各种 802.11DSSS 设备兼容。通常，使用 IEEE 802.11 系列协议的局域网被称为 WiFi。

2. 无线局域网

无线局域网（Wireless Local Area Network，WLAN）是指应用无线通信技术将计算机设备互联起来，构成可以互相通信和实现资源共享的网络体系。WLAN 的本质特点是不再使用通信电缆将计算机与网络连接起来，而是通过无线的方式连接，从而使网络的构建和更加灵活，并实现终端的移动。

从定义上看，WiFi 是比 WLAN 更加广泛的一个说法。

3．WiFi 的多种模式

1）AD-HOC（跳接式路由技术）

AD-HOC 直接与 AD-HOC 无线网络中的其他计算机无线互联。这种连接类型仅适用于两台或更多台计算机之间的连接，即多台计算机连接无线网络卡，其中一台计算机连接 Internet，就可以共享带宽，实现网络共享。例如，图 7-1-6 中有 4 台计算机同时共享宽带，每台计算机的可利用带宽只有标准带宽的 $\frac{1}{3}$。

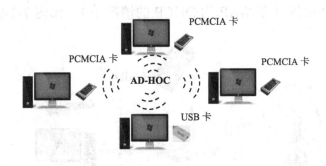

图 7-1-6　AD-HOC 无线网络互联

2）无线接入点

无线接入点（WAP）相当于一个连接有线网和无线网的桥梁，主要作用是将各个无线网络客户端连接起来，并将无线网络接入以太网。此过程需要设置信道、密钥、网络协议、动态主机设置协议、桥接等。站点之间不能直接进行通信，必须依赖 WAP 进行数据传输。WAP 提供有线网络连接，并为站点提供数据中继功能，如图 7-1-7 所示。

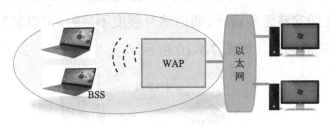

图 7-1-7　WAP 互联

3）点对多点桥接（P to MP）

点对多点网桥的工作频段为 5.8GHz（此频段为不收费频段）。点对多点桥接采用 802.11n 技术的 1x1 单发单收无线架构，提供最高达 150Mbps 的传输速率，系统兼容 802.11a/n 标准，可以将分布在不同地点和不同建筑物之间的局域网连接起来，是真正实现高性能、多功能平台的无线传输设备，如图 7-1-8 所示。

图 7-1-8　点对多点桥接互联

4）无线客户端

无线客户端使无线有线互联，特点是自动捕捉信道、手动设置密钥（WEP 有线等效保密协议）、自动获取 IP 地址（在 WAP 为 DHCP 的情况下），如图 7-1-9 所示。

无线连接　　有线连接

图 7-1-9　无线客户端互联

5）无线转发器

无线转发器用来转发无线探测器或遥控器的信号，构成联动系统的重要器件，当遥控器或探测器与接收装置之间安装距离较远、通信信号强度不足时，可以加装无线转发器（转发器），以确保正常、可靠的通信，如图 7-1-10 所示。

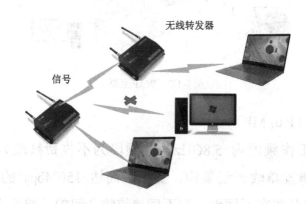

无线转发器

信号

图 7-1-10　无线转发器互联

安装注意事项：将转发器安装在需要转发信号的两个设备之间，位置一般选在拐角等信号有明显衰减的位置。

4．WiFi 技术的应用

WiFi 是一种局域网技术，主要用于解决"最后 100m"的接入问题。从 WiFi 与有线宽带网络的关系看，WiFi 的技术优势能够作为网络扩展手段，进一步扩大有线接入网络的覆盖面积及扩展移动通信网络的应用。在 WiFi 网络覆盖范围内，用户可以在任何时间、任何地点访问公司的办公网或国际互联网，随时随地享受网上证券、视频点播（VOD）、远程教育、远程医疗、视频会议、网络游戏等一系列宽带信息增值服务，以及实现移动办公。因此，在手机上使用 WiFi 已经成了移动通信业界的时尚潮流。

7.1.3　蓝牙

1．蓝牙技术的起源

1998 年 5 月，爱立信、诺基亚、东芝、IBM 和英特尔公司等 5 家著名厂商，在联合开展短程无线通信技术的标准化活动时，提出了蓝牙技术，其宗旨是提供一种短距离、低成本的无线传输应用技术。

2．蓝牙技术的特点

蓝牙技术是一种支持设备短距离通信（一般在 10m 内）的无线电技术，能在包括蓝牙耳机、笔记本电脑、相关外设等众多设备之间进行无线信息交换，如图 7-1-11 所示。

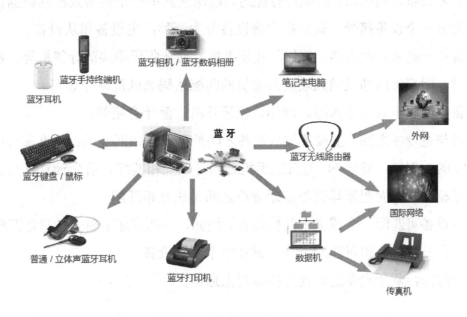

图 7-1-11　蓝牙技术万物互联

蓝牙技术采用分散式网络结构，支持点对点及点对多点通信，工作在全球通用的 2.4GHz ISM（工业、科学、医学）频段，数据传输速率为 1Mbps，采用时分双工传输方案实现全双工传输。依据发射输出电平功率不同，蓝牙传输有 3 种距离等级：第 1 级约为 100m；第 2 级约为 10m；第 3 级为 2m 至 3m。一般情况下，蓝牙传输的正常工作范围是 10m 半径内。在此范围内，可进行多台设备之间的互联。

3. 蓝牙技术的应用

蓝牙音箱、遥控器、蓝牙耳机、蓝牙鼠标及其他的数字设备都可以成为蓝牙系统的一部分，如图 7-1-12 所示。

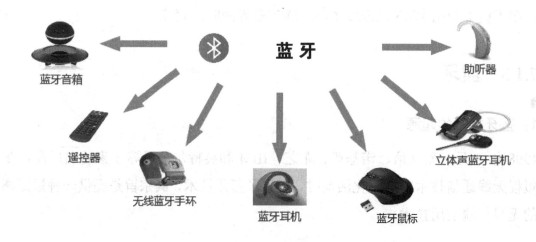

图 7-1-12 蓝牙技术的应用

4. 蓝牙的匹配规则

两个蓝牙设备在通信前，必须进行配对，以保证其中一个设备发出的数据信息只能被经过允许的另一个设备接受。蓝牙技术将设备分为两种：主设备和从设备。

主设备：一般具有输入端。例如，蓝牙手机、安装蓝牙模块的计算机等，在进行蓝牙匹配操作时，用户可以通过输入端输入随机的匹配密码来匹配两个设备。

从设备：一般不具有输入端。例如，蓝牙耳机、蓝牙音箱等。

主设备与主设备之间、主设备与从设备之间是可以互相匹配的；从设备与从设备之间是无法匹配的。例如，蓝牙 PC 与蓝牙手机之间可以互相匹配，蓝牙计算机与蓝牙音箱之间也可以互相匹配，而蓝牙耳机与蓝牙音箱之间无法互相匹配。

一个主设备可匹配一个或多个其他设备。例如，一部蓝牙手机一般只能匹配 7 个蓝牙设备，而一台蓝牙计算机可匹配十几个或几十个蓝牙设备。

在同一时间，蓝牙设备之间仅支持点对点通信。

5．蓝牙的优势

1）频段免费

蓝牙技术使用 ISM 频段，可以在全球范围内免费使用。

2）设备范围广

蓝牙技术得到了广泛应用，集成该技术的产品包括手机、汽车和医疗设备等，使用该技术的用户包括普通消费者、工业市场和企业等。

3）易于使用

蓝牙不要求固定的基础设施，并且易于安装和设置，可以随时组成个人局域网与其他网络进行连接。

4）抗干扰能力强

蓝牙采用 GFSK 调制，同时应用快跳频和短包技术，因此可以抵抗信号衰落。

5）可以同时传输语音和数据

蓝牙采用分组交换与电路交换相结合的技术，可以支持异步数据信道、三路语音信道及异步数据与同步语音数据同时传输的信道。

7.1.4　红外通信技术

1．红外通信技术的特点

红外通信一般采用红外波段内的近红外线，即采用从 0.75μm 到 25μm 之间的电磁波波长进行无线通信。它的通信距离一般在 0 至 1 米之间，传输速率最快可达 16Mbps。红外通信技术在世界范围内广泛使用，是传统设备之间连接线缆的替代。

红外通信是一种点对点的近距离无线通信方式，通过数据电脉冲和红外光脉冲之间的相互转换实现无线的数据收发。任何具有红外接口的设备之间都可以进行信息交互。

2．红外通信技术的工作原理

在红外通信技术发展早期，存在多个红外通信标准，不同标准之间的红外设备不能进行红外通信。IrDA 红外数据通信协议及规范得到了广泛使用。

红外通信是利用 950nm 近红外波段的红外线作为传递信息的媒体，即通信信道；发送端将二进制信号调制为一系列的脉冲串信号，通过红外发射管发射红外信号；接收端将接收的红外信号转换为电信号，经过放大、滤波等处理后发送给解调电路进行解调，还原为二进制信号并输出。红外通信的实质就是对二进制信号进行调制与解调，以便利用红外信道进行传输。

191

红外通信系统中红外线的传输方式主要有两种：一种是点对点传输，另一种是广播传输。非常常用的传输方式是点对点传输。点对点传输使用高度聚焦的红外线光束发送信息或控制远距离信息的红外传输，如光纤中的红外通信。

3. 红外通信技术的应用

红外通信在家居、安防中应用较为广泛，如红外遥控器、红外体温计、周界报警中的红外对射器等，如图 7-1-13 所示。

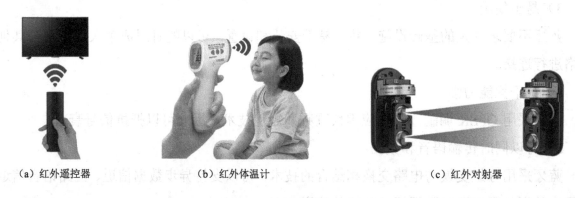

（a）红外遥控器　　　　　　　　（b）红外体温计　　　　　　　　（c）红外对射器

图 7-1-13　红外通信技术的应用

红外通信技术的主要应用：设备互联、信息网关。设备互联可以完成不同设备之间文件与信息的交换；信息网关负责连接信息终端和互联网。

信息家电控制系统是一个整合了红外控制和无线控制的多功能遥控系统，可以控制电视机、空调、DVD、功放、窗帘等多种红外设备，以及开关、插座等无线设备，主要由信息家电控制器和各种智能遥控开关组成。信息家电控制器可以把普通红外电器遥控器的编码通过学习的方式转存下来，从而替代原有的家电遥控器。信息家电控制器也是无线遥控器，可以发射 433.92MHz 频率的信号，用于控制智能开关、智能插座及无线红外转发器等。

4. 红外通信技术的优势

（1）体积小、成本低、功耗低。

（2）不需要申请频率。

（3）短距离传输，点对点直线数据传输，保密性较强。

红外通信技术是一种直射的视距传输，两个相互通信的设备之间必须对准，中间不能被其他物体阻隔，不适用于传输障碍较多的场合，因此该技术只能用于两台（非多台）设备之间的连接。红外通信技术与蓝牙技术、WiFi 的对比如表 7-1-1 所示。

表 7-1-1　红外通信技术与蓝牙技术、WiFi 的对比

类　型	频　段	传输距离	耗　电	数据传输速率
红外通信技术	3.4kGHz（波长 900nm 左右）	1 米左右	较低	每秒几十字节至每秒千兆字节
蓝牙技术	2.402～2.480GHz	几至几百米	较低	每秒一兆字节至每秒几十兆字节
WiFi	2.4GHz/3.6GHz/5GHz	百米量级	高	大于百兆字节量级

7.1.5　近距离通信技术

1．近距离通信的起源

近距离通信（Near Field Communication，NFC），即近距离无线通信技术。这个技术由 RFID 技术演变而来，并向下兼容 RFID 技术，由飞利浦公司和索尼公司共同开发。

2．NFC 的特点

NFC 是一种短距离的高频无线通信技术，允许电子设备之间进行非接触式点对点数据传输，在 10cm 内交换数据，可以在移动设备、消费类电子产品、PC 和智能控件工具之间进行近距离无线通信。

3．NFC 的工作原理

NFC 将非接触读卡器、非接触卡和点对点功能整合在一块单芯片中，能够自动快速建立无线网络，为蜂窝设备、蓝牙设备、WiFi 设备提供一个"虚拟连接"，使电子设备可以在短距离范围进行通信。与 RFID 不同，NFC 采用了双向的识别和连接。

NFC 的设备可以在主动或被动模式下交换数据。

在主动模式下，每台设备向另一台设备发送数据都必须产生自己的射频场。

在被动模式下，启动 NFC 的通信设备（又被称为 NFC 发起设备，即主设备）在整个通信过程中提供射频场，将数据发送到另一台设备（NFC 目标设备，即从设备）上。从设备不必产生射频场，可以以相同的速度将数据发送到发起设备上。

移动设备主要以被动模式操作，可以大幅降低功耗，并延长电池寿命。电池电量较低的设备可以要求以被动模式充当从设备。

4．NFC 的应用

NFC 采用了双向识别和连接，NFC 手机具有 3 种应用模式：读卡器模式（将 NFC 手机作为识读设备）、卡模式（将 NFC 手机作为被读设备）、点对点模式（NFC 手机之间的点对点通信应用）。

图 7-1-14 NFC 公交卡支付

1）读卡器模式

读卡器模式的典型应用有门禁控制，车票、电影院门票售卖等，使用者只需携带储存票证或门控代码的设备靠近识读设备。该设备能够作为简单的数据获取应用，如获取公交车站站点信息、公园地图信息等。NFC 公交卡支付如图 7-1-14 所示。

2）卡模式

卡模式的典型应用有本地支付、电子票应用等。该模式有一个极大的优点，即卡片通过非接触读卡器的 RF 区域来供电，即使寄主设备（如手机）没电也可以工作，并将移动设备作为被读设备

3）点对点模式

将两个具有 NFC 功能的设备连接，能够实现点对点传输数据，如建立蓝牙连接、交换手机名片。因此，通过 NFC，多个设备（如数字相机、PDA、计算机、手机）之间可以交换资料或服务。

5. NFC 的优势

（1）通信距离近、带宽高、能耗低。

（2）与现有非接触 IC 卡技术兼容。

（3）一种近距离的连接协议。

（4）一种近距离的私密通信方式。

NFC 在门禁、公交、手机支付等领域发挥着巨大的作用，优于红外通信和蓝牙方式。

7.1.6 移动通信技术

1. 移动通信的概念

移动通信是指通信双方或至少一方处于运动中，进行信息传输和交换的通信方式。由于移动体之间通信联系的传输手段只能依靠无线电，因此无线通信是移动通信的基础。移动通信系统包括无绳电话、无线寻呼、陆地蜂窝移动通信、卫星移动通信等。

2. 移动通信系统的组成

移动通信包括无线传输、有线传输和信息的收集、处理和存储等，使用的主要设备有无线收发信机、移动交换控制设备和移动终端设备。移动通信系统包括移动交换子系统（SS）、操作维护管理子系统（OMS）、基站子系统（BSS）和移动台（MS），是一个完整的信息传输实体，如图 7-1-15 所示。

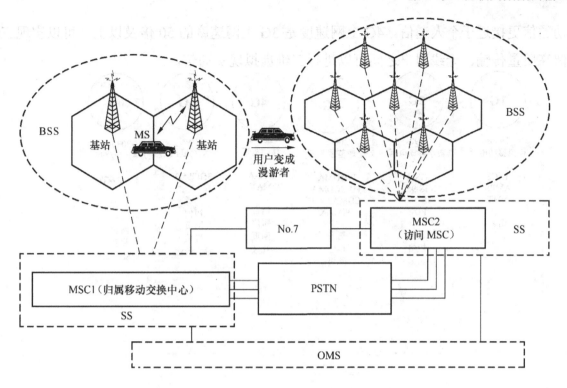

图 7-1-15 移动通信系统

在移动通信中，建立一个呼叫是由 BSS 和 SS 共同完成的。BSS 提供并管理 MS 和 SS 之间的无线传输通道；SS 负责呼叫控制功能，所有的呼叫都是由 SS 建立连接的；OMS 负责管理控制整个移动网；MS 也是一个子系统，实际上由移动终端设备和用户数据两部分组成。移动终端设备被称为移动设备；用户数据存放在一个与移动设备可分离的数据模块中，此数据模块被称为用户识别卡（SIM）。

移动通信采用无线蜂窝式小区覆盖和小功率发射的模式。各小区均用小功率的发射机（基站发射机）进行覆盖，许多小区像蜂窝一样能布满（覆盖）任意形状的服务地区。

3．移动通信的发展

图 7-1-16 所示为移动通信的发展。

3G 移动通信系统的三大标准分别为 WCDMA、CDMA2000、TD-SCDMA。其中，中国移动采用我国提出的 TD-SCDMA 标准，中国电信采用美国提出的 CDMA2000 标准，中国联通采用欧洲提出的 WCDMA 标准。手机应用（如手机音乐、GPS 导航、手机支付、电子在线阅读等 3G 功能）让我们的生活变得更丰富多彩，同时在交通、环境等行业应用中大显身手。

4G 集合了 3G 与 WLAN 的功能，能够快速、高质量地传输数据（如图像、音频、视频等），是多功能集成的宽带移动通信系统，在业务、功能和频带上都与 3G 移动通信系统不同，其可以在不同的固定和无线平台及跨越不同频带的网络运行中提供无线服务，比 3G

195

移动通信更接近于个人通信。4G 上网速度是 3G 上网速度的 50 倍及以上，可以实现三维图像高质量传输，无线用户之间可以进行三维虚拟现实通信。

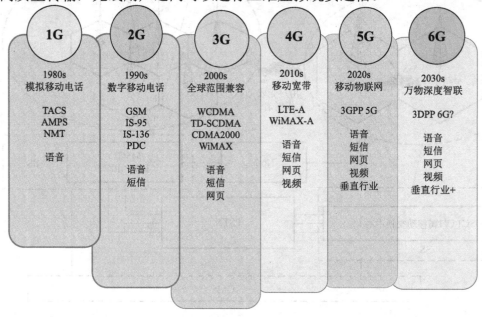

图 7-1-16 移动通信的发展

4G 网络结构可分为 3 层：物理网络层、中间环境层、应用网络层。

4G 网络的主要核心技术包括正交频分复用技术、基于 IP 的核心网技术、多用户检测技术、多输入多输出技术、智能天线技术等。4G 网络具有高传输速率、良好的兼容性、灵活性较强、多类型用户并存、多种业务相融等特性。目前，4G 网络采用的技术标准是 LTE。

5G 网络用于增强移动宽带、超高可靠与低时延通信、大规模机器类通信三大场景。5G 网络将是基于 SDN、NFV 和云计算技术的更加智能、灵活、高效和开放的网络系统。

6G 网络相比于 5G 网络，除了对更高网络性能的追求，还更加侧重于人的个性化需求，建设更加智能、安全和灵活的网络，可以应用于智慧城市、智慧社会、智能家居、防卫、灾害防治等领域。

7.1.7　NB-IoT

1. LPWAN 的介绍

短距离通信技术包括 ZigBee、WiFi、蓝牙等。

广域网通信技术，即 LPWAN（Low-Power Wide-Area Network，低功耗广域网），包括工作于未授权频谱的 LoRA.SigFox 等技术，以及工作于授权频谱的 3GPP 支持的 2G/3G/4G 蜂窝通信技术和 NB-IoT 技术等。

2．NB-IoT 技术

NB-IoT（Narrow Band-Internet of Things，窄带物联网）是一种 3GPP 标准定义的 LPWAN 解决方案，支持低功耗设备在广域网上进行蜂窝数据连接，也是物联网领域的一项新兴技术。NB-IoT 是一个根据物联网连接特性进行修改优化的"改造版"LTE 网络。

2017 年一季度根据《国家新一代信息技术产业规划》，把 NB-IoT 网络定为信息通信业"十三五"的重点工程之一。NB-IoT 凭借功耗低、覆盖广、输速速率低、成本低等特点，成为时下流行的一种无线连接技术。

3．NB-IoT 的四大优势

（1）超低功耗：NB-IoT 有 3 种不同的省电模式，设备可以根据自身的需求选择省电模式，以达到功耗最低的目的。

（2）超低成本：NB-IoT 支持在现有的 LTE 网络上进行改造，大大降低了网络建设成本。

（3）超强覆盖：NB-IoT 网络具有超大覆盖范围与超强穿透能力，无论设备在哪，都能稳定接入网络。

（4）超大连接：NB-IoT 网络允许多台设备同时接入，是现有技术的 50～100 倍。据测试，现有 NB-IoT 网络单小区基站可接入 5 万个终端设备，这样的超大连接能使物联网真正实现"万物互联"。

4．NB-IoT 的应用

NB-IoT 系统用于远距离低速数据传输，特别是非实时低频次数据传输。例如，NB-IoT 技术应用于无线抄表、智慧停车、智能门锁、智能水盖、智慧路灯等领域，可以大大降低管理成本，让网络管理者可以随时掌握各种运营数据。

5．NB-IoT 的组网方式

现网多采用联合规划，基于 LTE 网络进行 NB-IoT 的规划建设，一般有 LTE 1：1 组网和 1：N 组网两种方案，如图 7-1-17 所示。

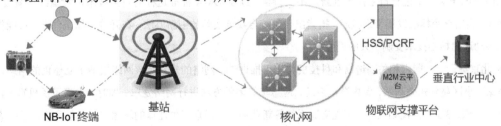

图 7-1-17　NB-IoT 组网的示例

NB-IoT 是基于蜂窝网络构建的，只需消耗大约 180KHz 的带宽，就可以直接部署在

GSM 网络、UMTS 网络或 LTE 网络上，又被称为 LPWA。NB-IoT 支持高效连接对待机时间长、网络连接要求较高的设备。据说 NB-IoT 设备的电池寿命至少能达到 10 年，还能提供非常全面的室内蜂窝数据连接覆盖。图 7-1-18 所示为 NB-IoT 智能停车服务系统。图 7-1-19 所示为 NB-IoT 智能路灯系统。

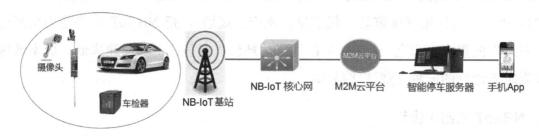

图 7-1-18　NB-IoT 智能停车服务系统

图 7-1-19　NB-IoT 智能路灯系统

项目 15　搭建健康养护班级的无线网络

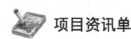 项目资讯单

学习任务名称	搭建健康养护班级的无线网络	学时	1
搜集资讯的方式	资料查询、现场考察、网上搜索		

🔍 聊聊我国 3G 标准 TD-SCDMA——我国技术自主创新

　　1998 年，我国基本没有自己的移动通信设备，2G 的终端没有自己的品牌。到了 3G 时代，我国终于提出了自己的 3G 标准，即 TD-SCDMA，该标准于 2000 年成为国际标准。当时的 TD-SCDMA 标准远没有发展多年的 WCDMA 标准、CDMA2000 标准的技术成熟，我国为什么还要发展自己的 TD-SCDMA 标准呢？

　　之所以说每一个标准背后，都是一个国家的利益，是因为国家要把自主技术创新落到实处，深层次的原因是我国经济存在深刻的矛盾，不进行自主技术创新，不支持像 TD-SCDMA 标准这样的自主技术，我国经济就没有前途。

　　启动 3G 会给这个标准发展带来机遇，摸索出一条符合我国实际的创新办法，在开放市场条件下，可能借此摆脱数十年来移动通信核心技术受制于人的局面。

　　2008 北京奥运会，国内相关制造商和科技机构重点推进 3G 网络的建立。该网络接纳了立体化的网络，融合了大型宏基站、小区蔓延式微基站、室内蔓延系统、应急车等多种方法进行网络笼罩。同时，出现了手机官方网站，并增设了奥运快讯、3G 手机视频业务、智能交通系统等新业务，为民众提供便捷的场馆交通导航和周边信息查询，以及在线奥运赛事信息。奥运会期间 3G 网络另有两项重要的应用：一项是用于实时监控和安全防卫的视频监控系统，另一项是基于视频的裁判辅助系统。在财产联盟成员中，有 6 家以上北京企业，形成从尺度研发、芯片设计、系统制造到终端生产的完整产业链条。这些企业有望成为以自主创新技能推动北京信息产业发展的新龙头。

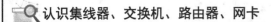

认识集线器、交换机、路由器、网卡

　　集线器是将网线集中到一起的机器，也是多台主机和设备的连接器。一个具备 8 个端口的集线器，可以连接 8 台计算机。集线器处于网络的"中心"位置，可以对通过的信号进行转发，8 台计算机之间可以互连互通。集线器是非智能的，不能对信号中的碎片进行处理，所以在传输过程中非常容易出错。图 7-1-20 所示为集线器的外形。

图 7-1-20　集线器的外形

　　交换机又被称为交换式集线器，是集线器的升级产品。交换机可以被看作一种智能型的集线器，除了具有集线器的所有特性，还具有自动寻址、交换、处理的功能，并且在传递过程中，只有发送源与接受源独立工作，期间不与其他端口发生关系，从而达到防止数据丢失和提高吞吐量的目的。图 7-1-21 所示为交换机的外形。

图 7-1-21　交换机的外形

　　路由器是在网络中进行网间连接的关键设备。路由器处于网络层，基本功能是把数据（IP 报文）传送到正确的网络，作为不同网络之间互相连接的枢纽，构成 Internet 的骨架。路由器能够提供防火墙的服务。图 7-1-22 所示为路由器的外形。

　　网卡能够实现计算机与局域网传输介质之间的物理连接和电信号匹配，接收和执行计算机发送的各种控制命令，完成物理层功能。在支持"即插即用"的操作系统中使用"即插即用"型网卡，用户不需要手动安装和配置。图 7-1-23 所示为网卡的外形。

图 7-1-22　路由器的外形　　　　　　　　　　　图 7-1-23　网卡的外形

　　网卡被装在计算机上，网卡连接路由器，路由器连接外网，这样计算机才能完成"计算机网卡-路由-上网"的连接。

家里的无线宽带网络如何连接无线路由器

　　图 7-1-24 所示为无线路由器的连网线路。

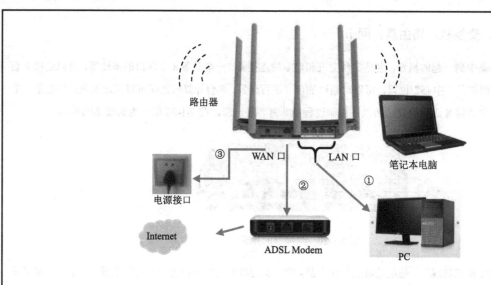

图 7-1-24　无线路由器的连网线路

学生资讯补充：	
对学生的要求	1．了解搭建无线网络的几种设备的功能和使用方法； 2．了解使用无线路由器搭建无线网络的线路安装的过程
参考资料	

项目实施单

学习任务名称	搭建健康养护班级的无线网络	学时	2
序号	实施的具体步骤	注意事项	自评
1	准备好项目所需的工具及设备		
2	安装好无线网络线路		
3	设置无线路由器		
4	网络与设备联调，验证网络的连通性		
5	连接无线网络并上网		

任务　搭建健康养护班级的无线网络

1．准备好项目所需工具及设备

计算机、无线路由器、网线。

2．安装好无线网络线路

图 7-1-25 所示为使用无线路由器连接学校网线。

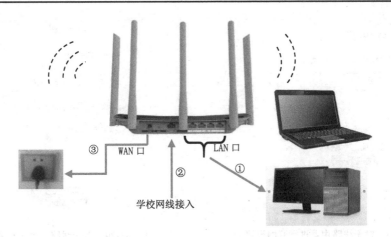

图 7-1-25　使用无线路由器连接学校网线

3．设置无线路由器

1）连接硬件

插好电源线，使用网线连接硬件设备。图 7-1-26 所示为无线路由器接线口，使用的路由器是 9V 直流电源。需要注意的是，不同的无线路由器电压不一样，有些路由器使用 12V 直流电源。WAN 口通过网线与 ADSL Modem 或直接与入户线相连；"1""2""3" RJ45 接口是 LAN 口，通过网线与 PC/笔记本电脑相连。接通电源，待无线路由器的状态指示灯亮起后，进行下一步设置。

图 7-1-26　无线路由器接线口

2）查看无线路由器的基本信息

收集无线路由器的基本信息，在登录路由器时会使用这些信息，如图 7-1-27 所示。IP 地址、用户名、密码基本信息一般都写在无线路由器底部，如果没有看到这些信息，则可以查看使用手册。默认的 IP 地址一般为"192.168.1.1"，默认的用户名和密码一般均为"admin"，但是有些无线路由器例外，密码为"password"。

图 7-1-27　无线路由器的基本信息

3）配置无线路由器的联网方式

先选择连接方式（见图 7-1-28），再进行无线设置（见图 7-1-29）。

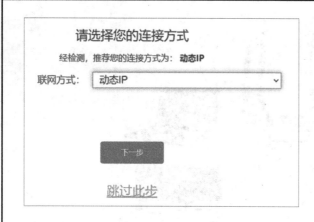

图 7-1-28　对无线路由器进行联网设置 1　　　　图 7-1-29　对无线路由器进行联网设置 2

设置好路由器管理密码后使用该密码进行登录，如图 7-1-30 所示。

图 7-1-30　密码登录

4）选择正确的网络接入方式

目前主要的网络接入方式有三大类，即动态 IP、静态 IP、PPPoE。其中，家庭用户非常常用的是 PPPoE 接入方式。

动态 IP：以太网宽带，自动从网络服务商（ISP）获取 IP 地址。如果网络接入方式为动态 IP，则无线路由器可以自动从 ISP 获取 IP 地址，用户不需要进行任何设置，如图 7-1-31 所示。

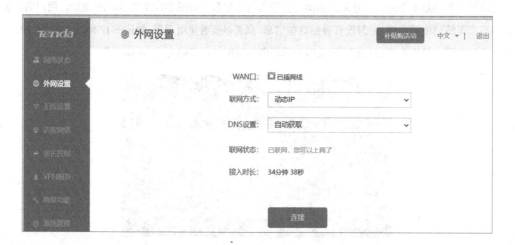

图 7-1-31　设置动态 IP

静态 IP：以太网宽带，ISP 提供固定 IP 地址。如果上网方式为静态 IP，则 ISP 会为用户提供 IP 地址参数，用户需要在如图 7-1-32 所示的页面中输入 ISP 提供的 IP 地址参数。

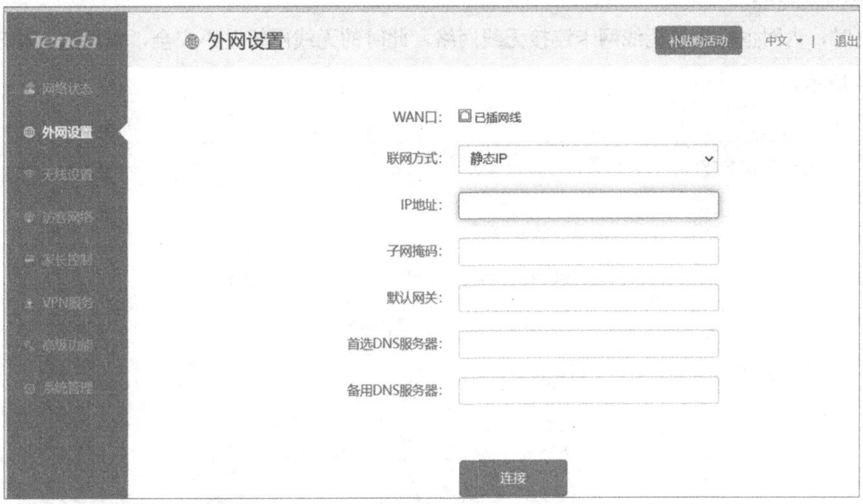

图 7-1-32　设置静态 IP

IP 地址：无线路由器在广域网上的 IP 地址，即 ISP 提供的 IP 地址。

子网掩码：它是 ISP 提供的，用于无线路由器连接广域网，一般为 255.255.255.0。

网关：填入 ISP 提供的网关参数，不清楚可以向 ISP 询问。

首选 DNS 服务器：填入 ISP 提供的 DNS 服务器地址，不清楚可以向 ISP 询问。

备用 DNS 服务器：可选项，如果 ISP 提供了两个 DNS 服务器地址，则可以把其中一个填于此处。

5）设置无线网络

对无线网络进行基本设置可以开启并使用无线路由器的无线功能，组建内部无线网络。

选择图 7-1-32 中的"无线设置"选项卡，单击"无线信息与频宽"按钮，弹出如图 7-1-33 所示的对话框。在 2.4G 网络中，无线网络名（SSID）和无线信道是无线路由器无线功能必须设置的参数。

图 7-1-33　"无线信道与频宽"对话框

6）选择无线加密方式

在组建网络时，内网主机需要无线网卡连接无线网络，此时的无线网络并不安全，需要进行相应的无线安全设置，如图 7-1-34 所示。

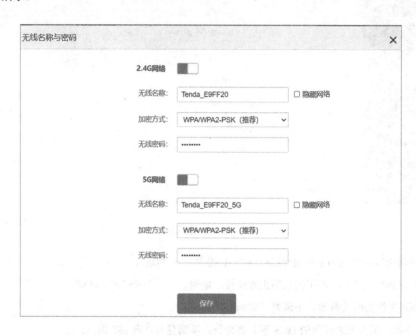

图 7-1-34　设置无线安全

7）修改默认的用户名和密码

为了防止其他用户篡改无线路由器的基本设置，需要修改默认的用户名和密码，方法是选择菜单系统工具中的"修改登录口令"选项，在弹出的如图 7-1-35 所示的对话框中修改用户名和密码。

图 7-1-35　修改用户名和密码

修改完成后，单击"保存"按钮，重启并重新登录无线路由器，新的用户名和密码生效，这样才算完成了无线路由器的基本安全防护。

4．网络与设备联调，验证网络的连通性

在设置无线路由器之前，需要对算机的网卡进行简单设置，主要设置 IP 地址。无线路由器一般默认开启 DHCP 功能。图 7-1-36 所示为手动设置 IP 地址。

DHCP 功能：又被称为动态主机配置协议，即路由器可以自动为计算机分配 IP 地址等参数。所以，这里可以设置为自动获得 IP 地址。当首次对无线路由器进行配置时，建议手动把网卡 IP 地址设置为与无线路由器相同的 IP 地址段。需要注意的是，如果无线路由器的 LAN 口接多台设备，则关闭 DHCP 功能，否则各台设备会争夺 IP 地址。

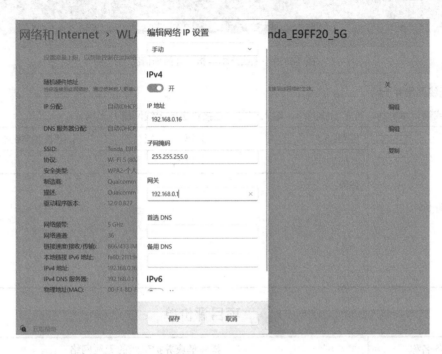

图 7-1-36　手动设置 IP 地址

使用 ping 命令检查计算机与无线路由器之间是否连通。打开"运行"对话框，输入"cmd"，按"Enter"键，打开如图 7-1-37 所示窗口。

图 7-1-37　cmd 命令窗口

在 cmd 命令窗口中，输入"ping 192.168.0.1"，按"Enter"键，如果显示如图 7-1-38 的所示内容，则说明计算机已与无线路由器成功建立连接。此时，无线路由器指示灯闪烁情况如图 7-1-39 所示。

```
C:\WINDOWS\system32\CMD.exe
Microsoft Windows [版本 10.0.22000.795]
(c) Microsoft Corporation。保留所有权利。

C:\Users\KUN>ping 192.168.0.1

正在 Ping 192.168.0.1 具有 32 字节的数据:
来自 192.168.0.1 的回复: 字节=32 时间=2ms TTL=64
来自 192.168.0.1 的回复: 字节=32 时间=3ms TTL=64
来自 192.168.0.1 的回复: 字节=32 时间=3ms TTL=64
来自 192.168.0.1 的回复: 字节=32 时间=3ms TTL=64

192.168.0.1 的 Ping 统计信息:
    数据包: 已发送 = 4, 已接收 = 4, 丢失 = 0 (0% 丢失),
往返行程的估计时间(以毫秒为单位):
    最短 = 2ms, 最长 = 3ms, 平均 = 2ms
```

图 7-1-38　使用 ping 命令后的内容

图 7-1-39　无线路由器指示灯闪烁情况

5. 连接无线网络并上网

拿出手机或笔记本电脑，搜索无线网络，输入密码，连接班级的无线网络并上网。

实施评价	班别：		第　　组		组长签名：
	教师签字：			日期：	
	评语：				

项目评价单

学习任务名称		搭建健康养护班级的无线网络			
序号	评价项目	评价子项目	学生/小组自评	组长/组间互评	教师评价
1	项目资讯（20分）	资讯效果			
2	项目实施（60分）	准备好项目所需的工具及设备			
3		安装好无线网络线路			
4		设置无线路由器			
5		网络与设备联调，验证网络的连通性			
6		连接无线网络并上网			
7	知识测评（20分）				
	总分				

知识测评

一、填空题（每空1分，共10分）

1. 集线器是将_____集中到一起的机器。集线器处于网络的"_____"位置，可以对通过的信号进行转发。一个具备16个端口的集线器，可以连接___台计算机。

2. 交换机可以被看作一种智能型的_____，除了具有集线器的所有特性，还具有自动寻址、交换、处理的功能。

3. 路由器是在网络中进行网间连接的关键设备。路由器处于_____，构成 Internet 的骨架，能够提供_____的服务。

4. _____被装在计算机上，_____连接_____，_____连接外网，这样计算机才能完成上网。（选填网卡/路由器。）

二、画图题（10分）

家里有两台台式计算机（没有无线网卡）只能有线上网，还有一台笔记本电脑和手机要无线上网。现配备了光纤入户的光猫（光 Modem）、无线路由器、网线，要求搭建家庭的无线网络，并画出接线图。

评价	班别：		第　　　组	组长签名：
	教师签字：		日期：	
	评语：			

项目 16　畅享健康养护班级的无线网络

 项目资讯单

学习任务名称	畅享健康养护班级的无线网络	学时	1
搜集资讯的方式	资料查询、现场考察、网上搜索		

华为，不仅仅是世界 500 强

　　华为创立于 1987 年，是全球领先的 ICT（信息与通信）基础设施和智能终端提供商。华为致力于把数字世界带入每个人、每个家庭、每个组织，构建万物互联的智能世界，让无处不在的连接，成为人人平等的权利；为世界提供最强算力，让云无处不在，让智能无所不及；让所有的行业和组织，因强大的数字平台而变得敏捷、高效、生机勃勃；通过 AI 重新定义体验，让消费者在家居、办公、出行等全场景获得极致的个性化体验。

　　华为是一家 100% 由员工持有的民营企业。华为通过工会实行员工持股计划，参与人仅为公司员工，没有任何政府部门、机构持有华为股权。

　　华为坚持打开边界，与世界握手，与合作伙伴一起建立"互生、共生、再生"的产业环境和共赢繁荣的商业生态体系，实现社会价值与商业价值共赢。

　　华为的经营项目有以下方面。

　　（1）程控交换机、传输设备、数据通信设备、宽带多媒体设备、电源、无线通信设备、微电子产品、软件、系统集成工程、计算机及配套设备、终端设备及相关通信信息产品、数据中心机房基础设施及配套产品（含供配电、空调制冷设备、智能管理监控等）的开发、生产、销售、技术服务、工程安装、维修、咨询、代理、租赁；信息系统的设计、集成、运行维护。

　　（2）集成电路的设计、研发。

　　（3）统一通信及协作类产品、服务器及配套软硬件产品、存储设备及相关软件的研发、生产、销售。

　　（4）无线数据产品（不含限制项目）的研发、生产、销售。

　　（5）通信站点机房基础设施及通信配套设备（含通信站点、通信机房、通信电源、机柜、天线、通信线缆、配电、智能管理监控、锂电及储能系统等）的研发、生产、销售。

（6）能源科学技术研究及能源相关产品的研发、生产、销售。

（7）大数据产品、物联网及通信相关领域产品的研发、生产、销售。

（8）汽车零部件及智能系统的研发、生产、销售及服务。

（9）许可经营项目——增值电信业务的经营。

（10）通信设备的租赁（不含限制项目）。

（11）培训服务。

（12）技术认证服务。

（13）信息咨询（不含限制项目）。

（14）进出口业务。

（15）国内商业、物资供销业务（不含专营、专控、专卖商品）。

（16）对外经济技术合作业务等。

华为聚焦信息与通信技术基础设施领域，围绕政府部门，公共事业、金融、能源、电力和交通等领域的客户需求持续创新，提供可被合作伙伴集成的信息与通信技术产品和解决方案，帮助企业提升通信、办公和生产系统的效率，降低经营成本。华为，不仅仅是世界 500 强！

热点

许多地方，如办公室、机场、快餐店、旅馆和购物中心等都能够向公众提供有偿或免费接入 WiFi 服务，这样的地点就被称为热点。由许多热点和 WAP 连接起来的区域被称为热区。热点就是公众无线入网点。

现在出现了无线因特网服务提供者（Wireless Internet Service Provider，WISP）这一名词。用户可以先通过无线信道接入 WISP，再通过无线信道接入 Internet。在无线路由器的电波覆盖的有效范围可以采用 WiFi 连接方式进行联网，如果无线路由器连接了一条 ADSL 线路或别的上网线路，则被称为热点。

无线网卡

无线网卡是一种在 WLAN 的覆盖下通过无线连接进行上网的无线终端设备。通俗地说，无线网卡是一种不需要连接网线就可以实现上网的设备。无线网卡能够帮助计算机连接无线网络，如 WiFi 或蓝牙。

无线网卡主要分为内置集成的无线网卡（如笔记本电脑、智能手机等内部均集成了无线网卡）和外置无线网卡（如常见的 USB 无线网卡、PCI 无线网卡等）。当用户笔记本电脑内部的无线网卡损坏或台式计算机需要无线上网时，外置无线网卡就派上用场了。无线网卡只是无线信号接收装置，需要在计算机附近组建无线网络才能正常上网。

360 随身 WiFi

将计算机变成无线发射器或将无线网卡变成 WAP 需要两个前提：一个是计算机有无线网卡；另一个是进行相应的设置。

笔记本电脑有无线网卡，台式计算机一般没有。对于后者，往往需要安装外置无线网卡，这样比较麻烦，于是360 公司推出了 360 随身 WiFi，相当于集成了相应设置的无线网卡。

360 随身 WiFi 是一种功能软件，可以一键让计算机变成无线热点，分享计算机网络，其他移动终端可以免费连接该计算机的无线网络。

学生资讯补充：

对学生的要求	1．了解无线网卡的功能及使用方法； 2．了解热点的含义及设置方法
参考资料	

项目实施单

学习任务名称	畅享健康养护班级的无线网络		学时	2
序号	实施的具体步骤	注意事项	自评	
1	开放计算机热点，建立无线网络			
2	安装 360 随身 WiFi，建立无线网络			
3	利用手机热点，使笔记本电脑连接无线网络			
4	利用手机蓝牙功能，使蓝牙设备共享手机的无线网络			
5				

任务　畅享健康养护班级的无线网络

1．开放计算机热点，建立无线网络

班级教室里只有教师计算机能有线上网，因此可以利用教师计算机开放热点来建立一个小型的无线网络，让同学们免费使用。在 Windows 10 系统下设置热点的方法如下。

（1）右击"网络连接"按钮，在弹出的快捷菜单中选择"打开'网络和 Internet'设置"选项，打开"设置"窗口，如图 7-1-40 所示。

（2）选择"移动热点"选项，如图 7-1-41 所示。

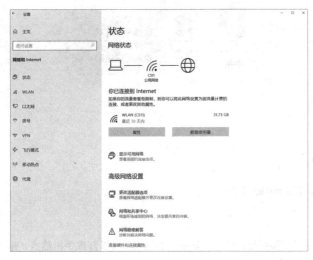

图 7-1-40　"设置"窗口　　　　　　　图 7-1-41　选择"移动热点"选项

（3）编辑网络信息，编辑完成后单击"保存"按钮，如图 7-1-42 所示。网络频带分为 5GHz 和 2.4GHz 两种。此部分与无线网卡的性能相关，有的设备无法调节频带，默认为 2.4GHz。5GHz 具有较快的数据传输速率、较窄的覆

209

盖范围，而 2.4GHz 与 5GHz 刚好相反，数据传输速率不如 5GHz、具有较广的覆盖范围。

（4）打开移动热点，如图 7-1-43 所示。打开移动热点后，即可在其他设备端看到该热点信号，其他人输入密码连接该热点后，就可以上网了。

2．安装 360 随身 WiFi，建立无线网络

在教师计算机 USB 插口上插入 360 随身 WiFi，计算机检测到 USB 设备后自动完成安装。单击"一键共享无线网络"按钮，共享计算机网络，使其成为免费 WiFi 热点，并生成 WiFi 名称和密码，手机、Pad 和其他笔记本电脑都可以很方便地连接这个 WiFi 热点。安装 360 随身 WiFi 如图 7-1-44 所示。

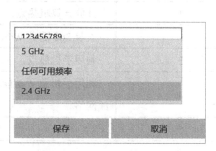

图 7-1-42　编辑网络信息

图 7-1-43　打开移动热点

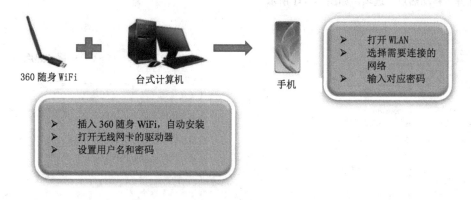

图 7-1-44　安装 360 随身 WiFi

3．利用手机热点，使笔记本电脑连接无线网络

学生需要使用自带的笔记本电脑进行学习，很多时候需要网络。想要共享手机的网络，可以开放手机热点，建立无线网络，如图 7-1-45 所示。

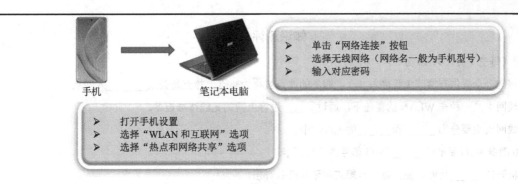

图 7-1-45　手机开放热点

4. 利用手机蓝牙功能，使蓝牙设备共享手机的无线网络

　　手机开放蓝牙功能后，可以将蓝牙音箱和蓝牙耳机连接到手机的蓝牙功能，共享手机的无线网络，从而畅通无阻地听音乐，如图 7-1-46 所示。

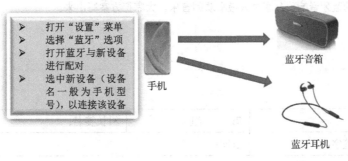

图 7-1-46

实施评价	班别：		第　　　　组		组长签名：
	教师签字：		日期：		
	评语：				

项目评价单

学习任务名称		畅享健康养护班级的无线网络			
序号	评价项目	评价子项目	学生/小组自评	组长/组间互评	教师评价
1	项目资讯（20分）	资讯效果			
2	项目实施（60分）	开放计算机热点，建立无线网络			
3		安装 360 随身 WiFi，建立无线网络			
4		利用手机热点，使笔记本电脑连接无线网络			
5		利用手机蓝牙功能，使蓝牙设备共享手机的无线网络			
7	知识测评（20分）				
	总分				

知识测评

一、填空题（每空 1 分，共 10 分）

1. 能够向公众提供有偿或免费接入_____服务的地点被称为热点。热点是公众_____入网点。

2. 无线网卡是一种在 WLAN 的覆盖下，通过_____进行上网的无线终端设备。

3. 无线网卡主要分为_____和_____的无线网卡。

4. 360 随身 WiFi 是能够_____WiFi 信号的无线网卡。

5. 手机开放_____功能，能使蓝牙音箱或蓝牙耳机听音乐。

6. 台式计算机_____开放热点分享 WiFi，笔记本电脑_____开放热点分享 WiFi，手机_____开放热点分享 WiFi。（选填能够/不能。）

二、想想办法（10 分）

健康养护班级的同学在小明家中举行同学聚会，小明家只有一台台式计算机可以上网。请想想办法让全体同学能够免费上网，并且连接家中的蓝牙音响，分享每人最喜欢的音乐。大家把方案写出来。

评价	班别：	第　　组	组长签名：
	教师签字：	日期：	
	评语：		

7.2 搭建 ZigBee 网络

7.2.1 ZigBee 网络的概述

1. ZigBee 的定义

ZigBee 是基于 IEEE 802.15.4 标准的低功耗局域网协议，这一名称来源于蜜蜂的八字舞。蜜蜂（Bee）通过飞翔和"嗡嗡"（Zig）地抖动翅膀的"舞蹈"来向同伴传递花粉所在方位信息，也就是说，蜜蜂通过这样的方式构成了群体中的通信网络，所以 ZigBee 又被称为紫蜂协议。

ZigBee 的标准化组织包括 IEEE 802.15.4（TG4）工作组和 ZigBee 联盟。ZigBee 联盟已推出 ZigBee 3.0，可以让智能对象协同工作。

IEEE 802.15.4 标准定义的 2 个物理层标准，分别是 2.4GHz 物理层和 868/915MHz 物理层，两者均基于直接序列扩频技术。ZigBee 使用了 3 个频段，并定义了 27 个物理信道。其中，868MHz 频段定义了 1 个信道；915MHz 频段附近定义了 10 个信道，信道之间的隔为 2MHz；2.4GHz 频段定义了 16 个信道，信道之间的隔为 5MHz。表 7-2-1 所示为 ZigBee 网络的物理层。

表 7-2-1　ZigBee 网络的物理层

频　率	频　带	适 用 范 围	数据传输速率	信 道 数 量
2.4GHz	ISM	全球	250kbps	16 个
915MHz	ISM	美洲	40kbps	10 个
868MHz	ISM	欧洲	20kbps	1 个

2．ZigBee 网络的特点

ZigBee 是与蓝牙类似的，便宜且低功耗的短距离无线组网技术，主要适用于自动控制和远程控制领域，可以嵌入各种设备，在工业控制、家庭智能化、无线传感器网络等领域具有广泛的应用前景，如图 7-2-1 所示。

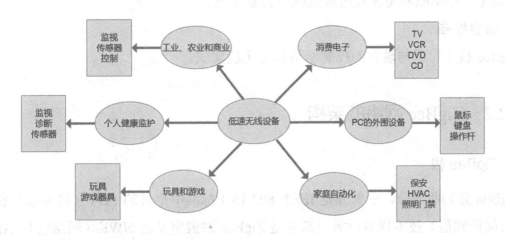

图 7-2-1　ZigBee 网络的应用场合

ZigBee 网络的特点如下。

1）功耗低

ZigBee 网络节点设备的工作周期较短、收发数据信息功耗低，并且使用休眠模式，因此 ZigBee 技术特别省电。据估算，ZigBee 设备仅靠两节 5 号电池，就可以维持长达 6 个月至 2 年的使用时间。

2）成本低

ZigBee 栈的设计非常简单，研究和生产成本较低；普通网络节点硬件只需 8 位微处理器，4～32KB 的 ROM，软件实现简单；随着 ZigBee 产品的产业化，ZigBee 通信模块价格预计只需几元，并且 ZigBee 免专利费。

3）可靠性高

ZigBee 网络采用碰撞避免机制，为需要固定带宽的通信业务预留了专用时隙，避免收发数据时的竞争和冲突。MAC 层采用完全确认的数据传输机制，每个发送的数据包都必须等待接收方的确认信息。如果传输过程中出现问题，则可以进行重发。

4）容量大

一个 ZigBee 网络最多可以容纳 254 个从设备和 1 个主设备，一个区域内最多可以同时存在 100 个 ZigBee 网络，并且网络组成方式灵活。

5）时延小

ZigBee 技术与蓝牙技术的时延相比，其各项指标值都非常小。

6）安全性好

ZigBee 技术提高了数据完整性检查和鉴权功能。

7）有效范围有限

ZigBee 网络有效覆盖范围为 10～75m，具体根据实际发射功率大小和各种不同的应用模式而定，基本能够覆盖普通家庭或办公室环境。

8）兼容性强

ZigBee 技术可以与现有的控制网络标准无缝集成。

7.2.2 ZigBee 网络的架构

1. ZigBee 栈

ZigBee 分为两部分，一部分是 IEEE 802.15.4 标准中定义的 PHY（物理层）和 MAC（介质访问控制层）技术规范；另一部分是 ZigBee 联盟定义的 NWK（网络层）、APS（应用程序支持层）、APL（应用层）技术规范。ZigBee 栈如图 7-2-2 所示。

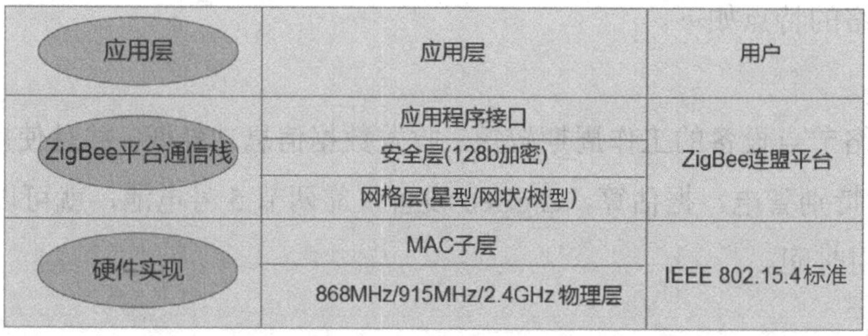

应用层	应用层	用户
ZigBee平台通信栈	应用程序接口	ZigBee连盟平台
	安全层(128b加密)	
	网格层(星型/网状/树型)	
硬件实现	MAC子层	IEEE 802.15.4标准
	868MHz/915MHz/2.4GHz 物理层	

图 7-2-2　ZigBee 栈

ZigBee 栈分层情况及各层规范功能如表 7-2-2 所示。

表 7-2-2　ZigBee 栈分层情况及各层规范功能

栈体系分层架构	栈代码文件夹	各层规范功能
物理层	硬件层目录（HAL）	提供基本的物理无线通信能力
介质访问控制层	链路层目录（MAC 和 Zmac）	提供设备之间的可靠性授权和一跳通信连接服务
网络层	网络层目录（NWK）	提供用于构建不同网络拓扑结构的路由和多跳功能
应用程序支持层	网络层目录（NWK）	提供建立和保持安全关系的服务
应用程序框架（AF）	配置文件目录（Profile）和应用程序（SAPI）	运行栈上的应用程序
ZigBee 设备对象（ZDO）	设备对象目录（ZDO）	管理安全性策略和设备的安全性结构

2．ZigBee 入网参数

1）CHANNEL

CHANNEL 是 ZigBee 通信频率设置的信道号，2.4G 的 ZigBee 栈含 16 个通信信道，中国地区分配的信道为从信道 11（0x0b）到信道 26（0x1a）。ZigBee 网络只有在保证相同的信道下才能进行通信，如果信道不同，则无法组网。图 7-2-3 所示为 ZigBee 通信的信道。

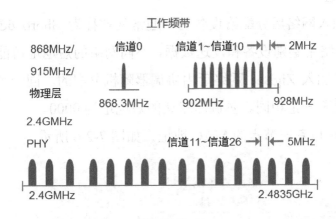

图 7-2-3　ZigBee 通信的信道

2）ZigBee 网络识别标号 PAN ID

PAN ID 是 ZigBee 的局域网 ID，也是针对应用的网络，用于区分不同的 ZigBee 网络。所有节点的 PAN ID 唯一，一个网络只有一个 PAN ID。PAN ID 是由协调器生成的。PAN ID 的参数可以配置，是一个 32 位标识，范围为 0x0000～0xFFFF。可互相通信的节点之间的 PAN ID 必须相同，并且必须保证同一个工作区域内的相邻网络的 PAN ID 不同。ZigBee 网络识别标号 PAN ID 如图 7-2-4 所示。

215

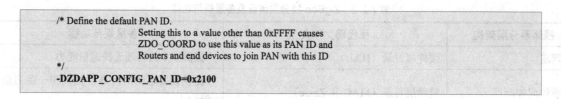

图 7-2-4　ZigBee 网络识别标号 PAN ID

3）ZigBee 物理地址

物理地址是一个 64 位 IEEE 地址，即 MAC 地址，通常又被称为长地址，是全球唯一的地址。设备的 MAC 地址在其生命周期中是固定的。MAC 地址通常由制造商或在安装时设置，这些地址由 IEEE 进行维护和分配。ZigBee MAC 地址如图 7-2-5 所示。

图 7-2-5　ZigBee MAC 地址

4）ZigBee 短地址

短地址是设备加入网络后分配给设备的，通常又被称为 ShortAddr。短地址在网络中是唯一的，用来在网络中鉴别设备和发送数据，不同网络的短地址可能相同。每个 ZigBee 节点的短地址都是在加入 ZigBee 网络后由协调器随机分配的。同一个节点接入网络时间不同，分配的短地址不一定相同。协调器默认的短地址为 0000。

xLabTools 工具可以获取节点的 MAC 地址，如图 7-2-6 所示。

图 7-2-6　节点的 MAC 地址

3. ZigBee 网络节点类型

1）协调器（Coordinator）

协调器的主要任务是选择网络所使用的频率通道，建立网络并将其他节点加入网络，提供信息路由、安全管理和其他的服务。

2）路由（Router）

路由的主要任务是发送和接收节点信息、在节点之间转发信息、允许子节点通过路由加入网络。

3）终端节点（EndDevice）

终端节点的主要任务是发送和接收信息，而不是转发信息或让其他人加入网络。通常，当一个终端节点不处于数据收发状态时，可以进入休眠状态以节省耗电。

4．ZigBee 网络拓扑

ZigBee 有 3 种网络拓扑，即星型拓扑、树型拓扑和网状拓扑。这 3 种网络拓扑在 ZStack 栈下均可以实现。

在星型网络中，所有节点只能与协调器进行通信，并且相互之间的通信是禁止的；在树型网络中，终端节点只能与其父节点进行通信，路由节点可以与其父节点和子节点进行通信；在网状网络中，所有节点之间都可以相互进行通信。

1）星型拓扑

星型拓扑包含一个协调器节点和一系列终端节点。每个终端节点只能与协调器节点进行通信，两个终端节点之间的通信必须通过协调器节点进行转发。星型拓扑如图 7-2-7 所示。

2）树型拓扑

树型拓扑中的协调器节点可以连接路由和终端节点，其子节点的路由也可以连接路由和终端节点。在多个层级的树型拓扑中，信息具有唯一路由通道，父节点与子节点之间可以进行直接通信，而非父子关系的节点可以进行间接通信。树型拓扑如图 7-2-8 所示。

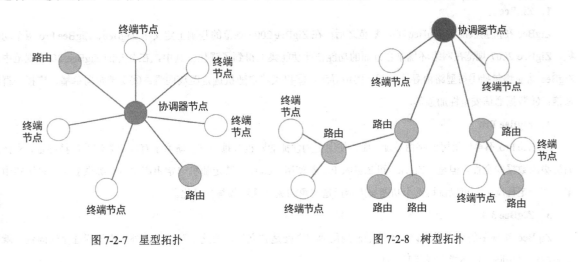

图 7-2-7　星型拓扑　　　　　　　　图 7-2-8　树型拓扑

3）网状拓扑

网状拓扑具有灵活路由选择方式，当某个路由路径出现问题时，信息可以自动沿其他路由路径进行传输。任意两个节点可以相互传输数据，数据可以直接传送或在传输过程中

217

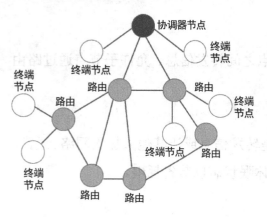

图 7-2-9　网状拓扑

经过多级路由转发，网络层提供路由探索功能，使网络层可以找到信息传输的最优化路径，应用层不需要任何参与，网络会自动按照 ZigBee 算法选择较好的路由路径作为数据传输通道，以提高网络的稳定和通信的效率，如图 7-2-9 所示。

项目 17　搭建 ZigBee 开发环境

 项目资讯单

学习任务名称	搭建 ZigBee 开发环境	学时	1
搜集资讯的方式	资料查询、现场考察、网上搜索		

谁能一统 ZigBee 江湖

ZigBee 一开始是为物联网而设计的。最初，ZigBee 联盟为了为特定市场提供最优的标准，基于不同的应用场景设计了多种不同的 ZigBee 协议。随着物联网市场的发展，采用不同应用协议的 Zigbee 产品之间无法互联互通，这些多样的协议造成互联互通影响了消费者的产品体验。为了改善这个问题，将原有的、不同的协议进行统一，于是 ZigBee 3.0 被正式推出。这些年，ZigBee 一直在不断更新迭代。

1．ZigBee

ZigBee 在重新核准了 ZigBee 2007 规范之后，在 ZigBee 2006 规范的基础上定义了 ZigBee、ZigBee Pro 两个功能集，ZigBee 2007 规范在网络环境兼容方面的功能在此功能集上得到了强化。其中，在公开的 ZigBee 2007 规范中，ZigBee 功能集包括①树型路由寻址、网状路由寻址；②提供特定随机选定距离向量；③支持定向单播、广播与群组通信；④数据通信安全性加强等。

2．ZigBee Pro

ZigBee Pro 不再使用树型路由寻址，而是使用更为便捷的随机寻址方式，新增了有阈值限制的广播寻址，支持更高层级的数据安全性。但是，ZigBee 和 ZigBee Pro 都使用 AODV（特定随机选定距离向量）提供多对一来源路由方案，在一定程度上，可以说这两个功能集支持所选对象的灵活性跳频与片段化。

3．ZigBee 3.0

ZigBee 有很多的应用层协议，不同的应用层协议之间是独立的，彼此不互通。此外，由于标准化的问题，就算应用层协议相同，也不能实现互联互通。

按照官方给出的描述来看，ZigBee 3.0 与 ZigBee 1.2 相比，有以下几点优势：安全性更高、稳定性更好、兼容性更好、功耗更低。

ZigBee 3.0 解决了智能家居领域应用不同应用层协议互联互通的问题，进一步标准化了 ZigBee，向智能家居的互联互通迈出了一大步。图 7-2-10 所示为 ZigBee 3.0 应用场景。

从市场应用角度来看，ZigBee 3.0 覆盖了较广泛的设备类型，包括家庭自动化、照明、能源管理、智能家电、安全装置、传感器和医疗保健监控产品等，同时支持易于使用的 DIY 设备及专业安装系统，基于 IEEE 802.15.4 标准、工作频率为 2.4GHz，可以应用于智能家居中的各个智能子系统（智能灯控、智能温湿度调节、智能清洁等系统）。除此之外，ZigBee 3.0 在智能医疗监控系统与智慧城市交通系统中也广泛应用。

在物联网应用飞速发展的未来，谁能一统 ZigBee 江湖？

图 7-2-10　ZigBee 3.0 应用场景

ZigBee 模块介绍

ZigBee 模块有 20 个可用 I/O，用户可以使用上面的所有资源，实现高性价比、高集成度的 ZigBee 解决方案。CC2530 开发平台可以由 CC2530 仿真器/调试器（SmarRF04EB）通过 USB 接口直接连接到计算机上，具有代码高速下载、在线调试 Debug、硬件断点、单步、变量观察、寄存器观察等功能，实现对 CC2530 系列无线单片机实时在线仿真、调试、测试。图 7-2-11 所示为 ZigBee 模块。

图 7-2-11　ZigBee 模块

CC2530 开发平台内部结构：使用增强型 8051CPU，结合了领先的 RF 收发器，具有 8KB 容量的 RAM，具有 32KB、64KB、128KB、256KB 四种不同容量的系统内可编程闪存，分为 CC2530F32、CC2530F64、CC2530F128、CC2530F256 四种型号。

ZigBee 网络的开发是一个综合性的系统工程，为了方便 ZigBee 项目的开发，需要掌握 ZigBee 相关工具的使用，如 ZTools 工具、SmartRFProgram 工具、xLabTools 工具。

使用 IAR 软件将程序下载到芯片中

IAR Embedded Workbench 是著名的 C 编译器，支持众多知名半导体公司的微处理器，全球许多著名的公司都在使用该开发工具来开发产品。IAR 根据支持的微处理器种类不同分为许多不同的版本，由于 CC2530 开发平台使用的是 8051 内核，所以这里使用的是 IAR Embedded Workbench for 8051。IAR Embedded Workbench 工作界面如图 7-2-12 所示。

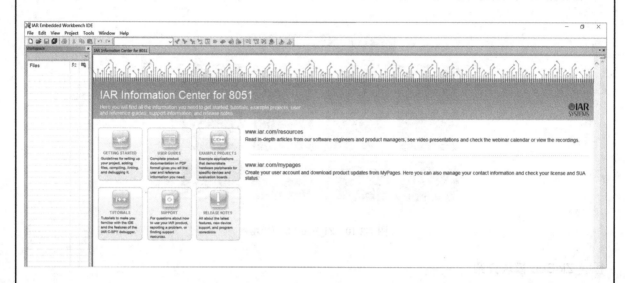

图 7-2-12　IAR Embedded Workbench 工作界面

德州仪器官方提供的 ZigBee 通信协议 ZStack 安装包使用的默认开发环境是 IAR 集成开发环境，因此 ZigBee 的相关程序开发同样需要在 IAR 集成开发环境上进行。建议将"zstack-2.4.0-1.4.0x.zip"解压缩后复制到计算机的 C:\stack 文件夹中。IAR 集成开发环境的介绍如图 7-2-13 所示。

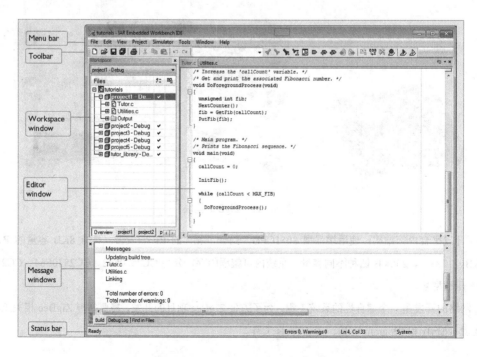

图 7-2-13　IAR 集成开发环境的介绍

如果安装 ZigBee ZStack 栈，则节点的示例工程将集成到栈目录内。通过 IAR 集成开发环境打开节点的示例工程，可完成工程源码的分析、调试、运行和下载，如图 7-2-14 所示。

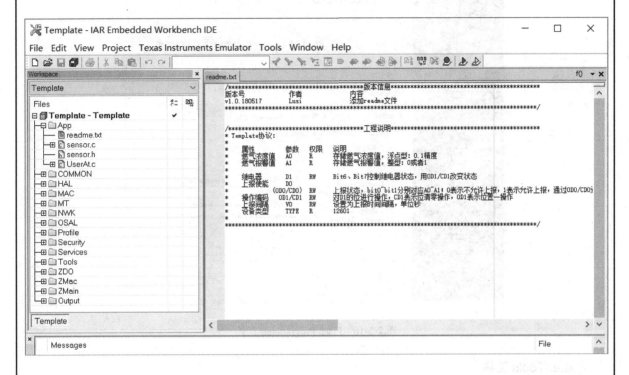

图 7-2-14　打开节点的示例工程

ZTools 工具和 Flash Programmer 工具

ZTools 工具是 TI 提供的专门用于用户调试 ZigBee 网络收发数据监视的软件，如图 7-2-15 所示。通过软件配合栈的相关信息采集函数，可以达到监控 ZigBee 网络节点数据的目的。Flash Programmer 工具可以对节点程序进行固化烧写，也可以读取该节点的 MAC 地址和修改扩展 MAC 地址，如图 7-2-16 所示。

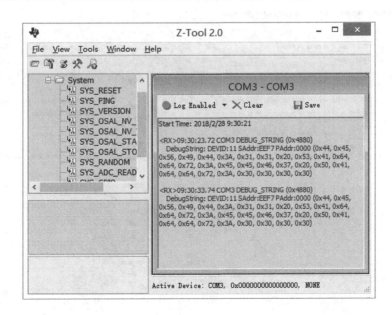

图 7-2-15　ZTools 工具

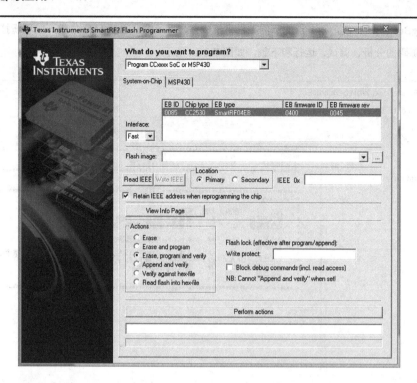

图 7-2-16　Flash Programmer 工具

xLabTools 工具

ZigBee 节点的调试串口可以获取节点当前配置的网络信息。当协调器连接到 xLabTools 工具上时，可以查看网络信息和由该协调器组建的网络下的节点反馈的信息，并能够通过调试窗口向网络内各节点发送数据；将终端节点或路由节点连接到 xLabTools 工具上，可以监测终端节点数据，并能够通过该工具向协调器发送指令。图 7-2-17 所示为 xLabTools 工具。

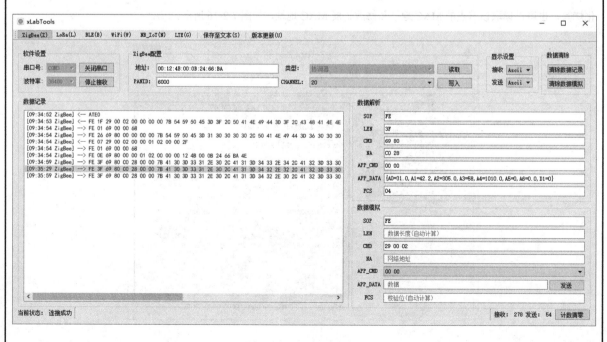

图 7-2-17　xLabTools 工具

xLabTools 工具的介绍如图 7-2-18 所示。xLabTools 工具的功能如下。

（1）可以读取和修改 ZigBee 节点网络参数和节点类型。

（2）可以读取节点收到的数据包，并解析数据包。

（3）通过连接的节点，可以发送自定义的数据包到应用层中。

（4）通过连接 ZigBee 协调器节点，可以分析协调器接收的数据，并对下行发送数据进行调试。

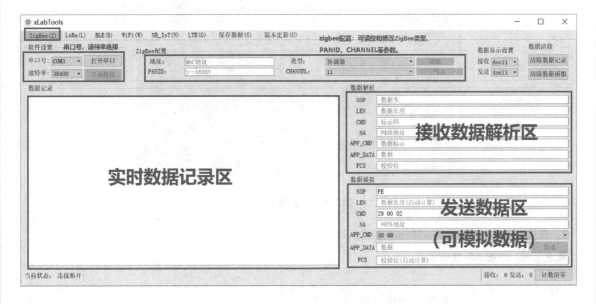

图 7-2-18　xLabTools 工具的介绍

对学生的要求	1. 了解搭建无线网络的几种设备的功能和使用方法； 2. 了解用无线路由器搭建无线网络的步骤
参考资料	

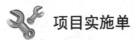 项目实施单

学习任务名称	搭建 ZigBee 开发环境		学时	2
序号	实施的具体步骤	注意事项	自评	
1	使用 IAR Embedded Workbench 新建工作区			
2	使用 IAR Embedded Workbench 新建工程			
3	使用 IAR Embedded Workbench 新建文件			
4	使用 IAR Embedded Workbench 保存工作区			
5	使用 IAR Embedded Workbench 配置工程			
6	使用 IAR Embedded Workbench 编写、调试程序			
7	使用 IAR Embedded Workbench 下载程序			
8	使用 SmartRF flash Programmer 输出.hex 文件			
9	使用 SmartRF flash Programmer 烧录.hex 文件			

任务 1 使用 IAR Embedded Workbench 编译程序

1．使用 IAR Embedded Workbench 新建工作区

选择"File"→"New"→"Workspace"选项或选择"File"→"Open"→"Workspace…"选项，新建工作区或打开已有的工作区，如图 7-2-19 所示。

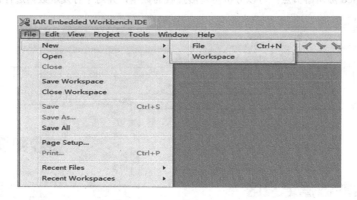

图 7-2-19 新建工作区

2．使用 IAR Embedded Workbench 新建工程

新建工程，如图 7-2-20 所示。

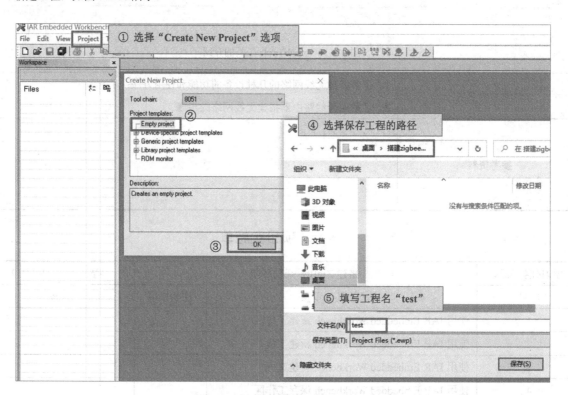

图 7-2-20 新建工程

3．使用 IAR Embedded Workbench 新建文件

选择"File"→"New"→"File"选项，新建 test.c 文件。

右击"test-Debug"选项，在弹出的快捷菜单中选择"Add"→"Add 'test.c'"选项（见图 7-2-21），将 test.c 文件添加到工程中。

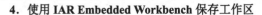

4. 使用 IAR Embedded Workbench 保存工作区

按快捷键"Ctrl+S"保存工作区,工作区名为"test"。

5. 使用 IAR Embedded Workbench 配置工程

(1)选择"Project"→"Options…"选项,配置 General Options,如图 7-2-22 所示。

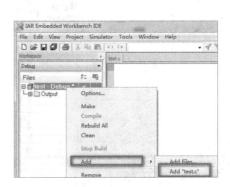

图 7-2-21 选择"Add"→"Add'test.c'"选项

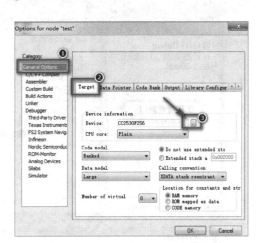

图 7-2-22 配置 General Options

(2)配置 Linker,如图 7-2-23 所示。

(3)配置 Debugger,如图 7-2-24 所示。

图 7-2-23 配置 Linker

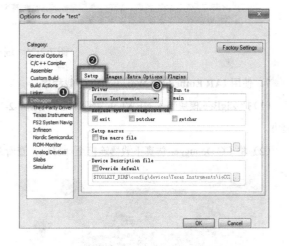

图 7-2-24 配置 Debugger

6. 使用 IAR Embedded Workbench 编写、调试程序

(1)在"test.c"窗口中输入代码,如图 7-2-25 所示。

图 7-2-25 "test.c"窗口

225

（2）编译和链接程序，如图 7-2-26 所示。

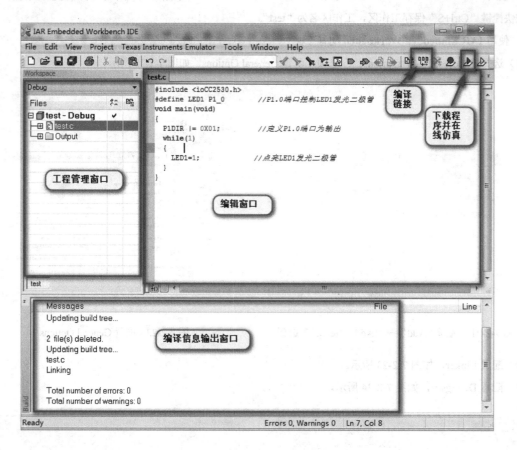

图 7-2-26　编译和链接程序

7. 使用 IAR Embedded Workbench 下载程序

（1）把 ZigBee 模块装入 NEWLab 实训平台（见图 7-2-27），并将 CC Debugger 仿真下载器的下载线连接至 ZigBee 模块。

（2）将 CC Debugger 仿真下载器连接至计算机，查看是否有 CC Debugger，如图 7-2-28 所示。

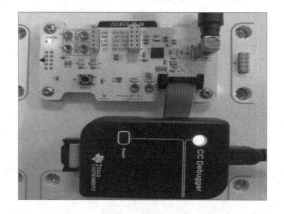

图 7-2-27　把 ZigBee 模块装入 NEWLab 实训平台

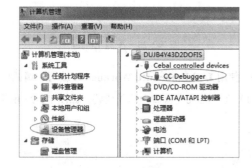

图 7-2-28　查看是否有 CC Debugger

（3）下载并单步调试，查看 LED 灯状态，如图 7-2-29 所示。

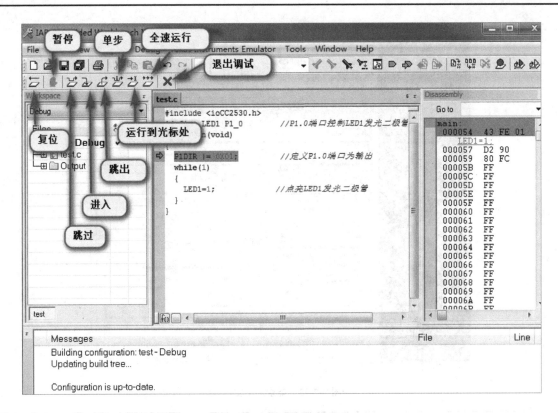

图 7-2-29 查看 LED 灯状态

任务 2 使用 SmartRF flash Programmer 烧录程序

1. 使用 SmartRF flash Programmer 输出 .hex 文件

配置工程选项参数并输出 .hex 文件，如图 7-2-30 和图 7-2-31 所示。

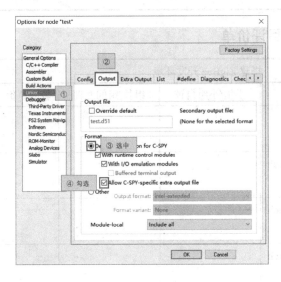

图 7-2-30 配置工程选项参数并输出 .hex 文件 1

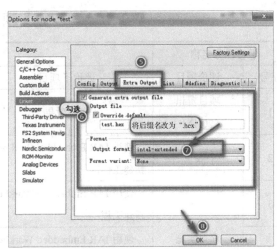

图 7-2-31 配置工程选项参数并输出 .hex 文件 2

2. 使用 SmartRF flash Programmer 烧录 .hex 文件

烧录 .hex 文件，如图 7-3-32 所示。

227

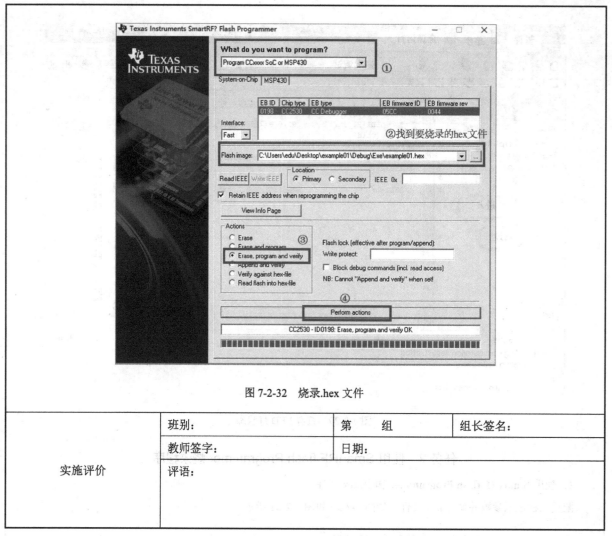

图 7-2-32　烧录.hex 文件

实施评价	班别：		第　　组		组长签名：
	教师签字：		日期：		
	评语：				

项目评价单

学习任务名称		搭建 ZigBee 开发环境			
序号	评价项目	评价子项目	学生/小组自评	组长/组间互评	教师评价
1	项目资讯 （20 分）	资讯效果			
2	项目实施 （60 分）	使用 IAR Embedded Workbech 新建工作区			
3		使用 IAR Embedded Workbech 新建工程			
4		使用 IAR Embedded Workbech 新建文件			
5		使用 IAR Embedded Workbech 保存工作区			
6		使用 IAR Embedded Workbech 配置工程			

7		使用 IAR Embedded Workbech 编写、调试程序			
8		使用 IAR Embedded Workbech 下载程序			
9		使用 SmartRF flash Programmer 输出.hex 文件			
10		使用 SmartRF flash Programmer 烧录.hex 文件			
11	知识测评（20 分）				
	总分				

知识测评

一、填空题（每空 1 分，共 14 分）

1. ZigBee 网络为实现组网，根据 IEEE 802.15.4 标准定义的两个物理层标准，分别是_____物理层和_____物理层，两者均基于直接序列扩频技术。

2. ZigBee 是一种便宜的，低功耗且_____无线组网技术。

3. ZigBee 入网参数有_____、_____、_____和_____。

4. ZigBee 网络节点类型有_____、_____和_____。

5. ZigBee 有 3 种网络拓扑，即_____、_____和_____。这 3 种网络拓扑在 ZStack 栈下均可以实现。

6. 使用 SmartRF flash Programmer 配置工程选项参数可以输出_____文件。

二、选择题（每题 2 分，共 6 分）

1. ZigBee 工作在 20~250Kbps 的较低速率，不能提供（　　）原始数据吞吐率。

　　A．250 Kbps　　　　B．40Kbps　　　　　　C．20Kbps　　　　　　D．60 Kbps

2. 从组网数量上看，在小型楼宇智能家居项目中（　　）技术组网能力最强？

　　A．WiFi　　　　　　B．ZigBee　　　　　　C．蓝牙　　　　　　　D．NFC

3. 项目 17 中使用的 ZigBee 开发软件是（　　）。

　　A．SRF04EB　　　　　　　　　　　　　　B．IAR Embedded Workbech

　　C．SmartRF flash Programmer　　　　　　D．Sensor Monitor

评价	班别：		第　　　组	组长签名：
	教师签字：		日期：	

第 8 章

物联网技术应用

 知识目标

（1）熟悉物联网技术在智慧农业、智慧养护、智能家居领域的应用。

（2）熟悉智慧大棚的技术特点，实现智慧大棚的技术结构。

（3）熟悉智慧养护的技术特点及使用的终端设备，实现智慧养护的架构设计。

（4）熟悉智能家居的构成、智能安防的架构及使用的终端设备。

（5）了解我国工业发展现状，增强技术强国的信心。

 技能目标

（1）掌握获取环境温度、湿度的传感器的使用方法。

（2）掌握控制灯光的方法及相关的流程。

（3）掌握烟雾报警器、人体红外传感器的使用方法。

（4）熟练搭建智能家居应用情景。

 8.1 **物联网技术在智慧农业中的应用**

传统耕种只能凭经验施肥灌溉，不仅浪费大量的人力与物力，还对环境保护与水土保持构成严重威胁，给农业可持续性发展带来严峻挑战。智慧农业是以物联网技术为支撑和手段的一种现代农业形态，把农业看成一个有机联系的整体系统，在生产中全面综合地应用信息技术，能够提高农业资源利用率、降低农业能耗和成本、减少对农业生态环境的破坏。

8.1.1　智慧大棚种植

如图 8-1-1 所示，智慧大棚是一个基于智能传感技术、无线传输技术、智能处理技术及智能控制等农业物联网应用的智能果蔬大棚种植系统。智慧大棚集数据实时采集、无线传输、智能处理和预测预警信息发布、辅助决策等功能于一体，通过对大棚环境参数的准确检测、数据的可靠传输、信息的智能处理及设备的智能控制，实现农业生产的高效管理。

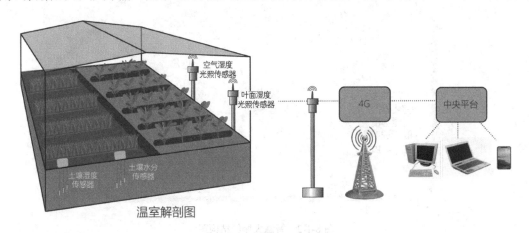

图 8-1-1　智慧大棚

智慧大棚中数量众多低功耗的智能传感器节点能够协作地实时监测、感知和采集各种环境或监测对象的信息，对信息进行处理，将获得的详尽且准确的信息通过无线传输网络传送至基站主机及需要这些信息的用户的设备（移动端），同时用户可以通过网络将指令传送至目标节点使其执行特定任务。

智慧大棚的实现是一个复杂的工程。如图 8-1-2 所示，智慧大棚通过实时采集温室内的温度和湿度信号、土壤湿度、叶面湿度、光照度环境参数，由无线信号收发模块传输数据，实现对大棚温度和湿度的远程控制。智慧大棚的技术结构主要包括以下 3 部分。

1．基地环境信息采集部分

基地环境信息采集部分主要包括大棚温度和湿度信息的监测、土壤信息的监测、气象信息的监测、视频信息的采集。

2．基地设备自动控制部分

基地设备自动控制部分主要包括大棚的温度控制、遮阳控制、风机控制、加热控制、灌溉控制。

231

3. 基地信息发布与智能处理部分

基地信息发布与智能处理部分主要包括 LED 信息发布系统、中央控制室的管理平台、意外信息的手机报警处理功能。

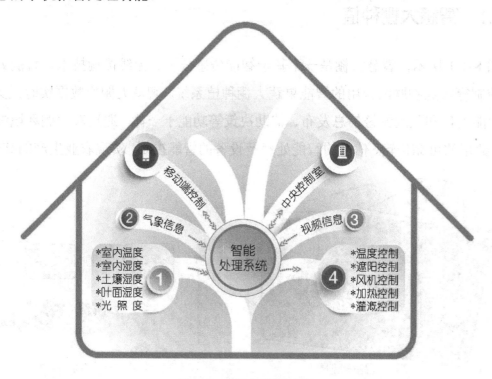

图 8-1-2　智慧大棚的结构图

8.1.2　使用传感器获取环境的温度信息和湿度信息

在农业生产中，影响农业生产的关键因素有温度、湿度、光照度等。农作物在不同的生长周期，对温度的要求不一样。在不同的时间段，把温度控制在一个合适的范围，能让农作物更好地生长。

湿度是指空气或土壤的干湿程度，即空气或土壤中所含水汽的多少。湿度会影响植物的生长，湿度过高可能导致植物死亡。

智慧大棚使用温度传感器、湿度传感器对大棚内的温度进行测量，并将数据上传到智能处理系统中。

1. 工作原理

温度传感器由温度敏感元件（感温元件）和转换电路组成，如图 8-1-3 所示。湿度传感器的结构与温度传感器的结构相似。

传感器在收集到温度信号和湿度信号之后，将该信号输出到单片机上进行处理，通过有线或无线的方式将处理好的信号上传到智能处理系统中，如图 8-1-4 所示。

图 8-1-3 温度传感器的原理框图

图 8-1-4 温度信号和湿度信号的流程图

2. 常用的温度传感器和湿度传感器

常用的温度传感器型号有 18B20、PT1000、DHT11 等；常用的湿度传感器型号有 SHT20、CH1101、DHT11 等。这些传感器可以应用于空调、测试及检测设备、汽车、数据记录器、消费品、自动控制、气象站、家电产品、湿度调节器、医疗、除湿器等。这里以 DHT11 传感器模块为例进行介绍。

（1）DHT11 温湿度传感器的概述。

DHT11 温湿度传感器是一款含已校准数字信号输出的温湿度复合传感器。

精度：湿度±5%RH、温度±2℃。

量程范围：湿度 20%RH～90%RH、温度 0～50℃。

DHT11 温湿度传感器的内部包括一个电阻式感湿元件和一个 NTC 测温元件，并与一个高性能 8 位单片机相连；采用单线制串行接口；体积小、功耗低，信号传输距离可达 20m 以上。

（2）DHT11 温湿度传感器模块的构成。

图 8-1-5 所示为 DHT11 温湿度传感器模块的构成，蓝色塑料壳部分为 DHT11 温湿度传感器。

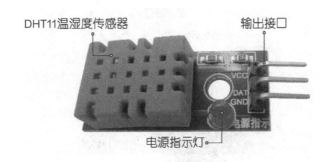

图 8-1-5 DHT11 温湿度传感器模块的构成

DHT11 温湿度传感器模块接通电源后，电源指示灯会亮起。该传感器模块与单片机或

233

其他设备相连之后，可以从输出接口输出数字信号。将数字信号根据规定的格式解码后，可以得到测量出来的温度信息和湿度信息。

8.1.3 使用传感器控制灯光开关与亮度

1. 工作原理

光照度对农业种植非常重要。在智慧大棚中，通过遮光帘或灯光开关可以控制光照度。光敏传感器的结构与温度传感器的结构相似，控制部分需要与智能处理系统相结合。图 8-1-6 所示为光照度信号的流程图。

图 8-1-6 光照度信号的流程图

光敏传感器是利用光敏元件将光信号转换为电信号的传感器，敏感波长在可见光波长附近，包括红外线波长和紫外线波长。光敏传感器不仅用于光的检测，还可以作为探测元件组成其他传感器，只要将这些非电量信号转换为光信号，还可以对许多非电量信号进行检测。

光敏传感器是应用最广的传感器之一，种类繁多，主要有光电管、光电倍增管、光敏电阻、光敏三极管、太阳能电池、红外线传感器、紫外线传感器、光纤式光电传感器、色彩传感器、CCD 和 CMOS 图像传感器等。光敏传感器在自动控制和非电量电测技术中具有非常重要的作用。最简单的光敏传感器是光敏电阻。

2. 常用的光敏传感器模块

图 8-1-7 所示为光敏传感器模块。光敏传感器模块由光敏电阻和外围电路组成。

图 8-1-7 光敏传感器模块

光敏电阻：阻值随环境光的变化而改变。光照愈强，阻值愈低，可以小至 1kΩ 以下；当无光照时呈高阻状态，暗电阻一般可达 1.5MΩ。

电压比较器：将光敏电阻端的电压与设置的基准电压进行比较后输出结果。

数字输出指示灯：当端口输出高电平时，指示灯亮起；当端口输出低电平时，指示灯熄灭。

输出接口：有电源（VCC）、地（GND）、数字输出口（DO）、模拟输出口（AO），将接口插到相应的插座上使用。

可变电阻器：调整该电阻器可以改变从输入到芯片输入端的基准电压，让光敏传感器模块对环境光的感应灵敏度发生改变。

环境光变化会使光敏传感器模块的模拟输出口的电压发生变化，根据模拟输出口的电压可以估算出当前的光照的情况，并将该信息传送到智能处理系统中，智能处理系统会根据人们预先设置的光照要求来调整遮光帘或灯光开关。

项目 18　安装智能灯光控制电路

 项目资讯单

学习任务名称	安装智能灯光控制电路	学时	1
搜集资讯的方式	资料查询、现场考察、网上搜索		

"灯都"古镇——民营企业的骄傲

2002 年，广东省中山市古镇被中国轻工业联合会和中国照明电器协会授予"中国灯饰之都"称号。

古镇人从一根电线、一条弯管、一只灯泡、一架灯座制成的简易台灯起家，开始是家庭作坊、一元成本几元利润、一家制灯百家效仿。古镇的灯饰业是靠模仿起家的。国内外任何一款新型灯饰面世，不出一个月，在古镇的灯饰店就能看到完全相同的仿制品。

一年一度的古镇国际灯饰博览会成了古镇灯饰照明企业走出国门的"敲门砖"，但在第一届国际灯饰展后，古镇人也看到了自己要想争取更大市场，必须从"仿造"走向"创造"，并做强自己的品牌。2007—2009 年的全球金融危机，让已经在世界上与"洋灯"齐名的古镇灯饰业进一步加速了企业创新的速度和力度。

古镇灯饰业的创新发展迅猛，拥有了 3000～4000 名高水平的设计人员和工程技术人员，并与清华大学、中山大学等国内知名院所建立了长期的设计和研发合作关系。这些因素都为古镇灯饰业的进一步发展奠定了重要基础。

除了技术创新，在管理和营销方式上，古镇人也在寻求创新。在第七届古镇国际灯博会上，古镇灯饰国际电子商务平台为古镇人与世界市场建立了更便捷、科学的直销渠道。在全球金融危机影响下，古镇灯饰业将更多目光转向国内市场，并正在努力在国内各大中城市建立销售"航母"，以构建强大的国内销售和管理网络。

古镇人有着强烈的改革开放意识和开拓创新精神。"灯都"古镇，必将走向更大的辉煌！

物联网应用实验电路板介绍

传感器将接收到的物理信号转成电信号。处理电信号需要用到各种外围电路，单片机是经常使用的外围元器件。

单片机的型号非常多，有 8 位的 51 系列单片机、32 位的 STM32 等。下面介绍实验电路主板 CC2530 开发平台。

CC2530 开发平台如图 8-1-8 所示。

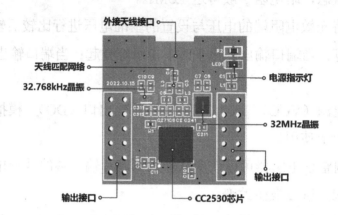

图 8-1-8　CC2530 开发平台

CC2530 芯片：电路板的核心元件，结合了 RF 收发器，业界标准的增强型 8051 CPU，内置 256KB 的闪存。

输出接口：通过排针将芯片的烧写引脚、芯片的 IO 接出，连接到实验底板电路板上。

32MHz 晶振：为芯片的主时钟提供振荡源。

电源指示灯：当电路板供电正常时，该指示灯亮起。

外接天线接口：通过该接口可以将外部的天线接入电路板。

天线匹配网络：主要用于对天线进行阻抗匹配，将芯片的无线信号更高效地传送到天线中进行发射。

32.768kHz 晶振：为芯片的秒计时提供振荡源。

图 8-1-9 所示为实验底板。该实验底板（以下简称底座）是连接 CC2530 开发平台（以下简称核心板）、传感器、外围驱动的电路板，起到供电、连接、固定的作用，方便进行实验。

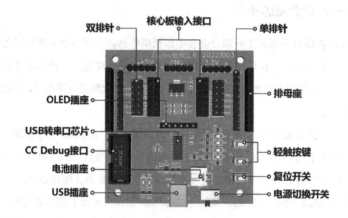

图 8-1-9　实验底板

核心板输入接口：用于连接核心板。将核心板的相关芯片的引脚连接到底座上。

双排针：将核心板的 IO 引脚接出。底座右边对称位置的单排针也具有同样的功能。

OLED 插座：用于插入 OLED（显示）模块。

USB 转串口芯片：CH340C，是一个将 USB 转为串口的芯片。将程序从计算机下载到 CC2530 芯片中时使用该芯片。

CC Debugger 接口：接烧写工具 CC Debugger 的标准接口。

电池插座：接 4.2V 的锂电池，给底座供电。

USB 插座：用于通过 mini-USB 数据线给底座供电。

电源切换开关：用于切换是给 USB 插座供电，还是给电池供电。

复位开关：按下该开关，核心模块复位。

轻触按键：如果按"S1"键，则接在 CC2530 的 P10 上；如果按"S2"键，则接在 P20 上。

排母座：用于插入传感器模块。

单排针：与单排的母座对应的引脚相连，用于连接杜邦线。

以上是底座的简单介绍。在后面的项目中，将使用核心板、底座、传感器及相应的执行器件做实验。

认识继电器模块

继电器是电控器件，实际上是通过小电流来控制大电流运作的一种"自动开关"，通常应用于自动化的控制电路，在电路中起着自动调节、安全保护、转换电路等作用。

继电器正面的文字主要代表型号、电压、触点形式、触点负载、触点切换电流电压、认证等。常用的继电器的引脚如图 8-1-10 所示。

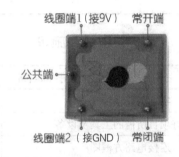

图 8-1-10　常用的继电器的引脚

继电器有 2 个控制引脚：线圈端 1、线圈端 2。当在线圈两端加上额定电压时，继电器闭合。

继电器有 3 个用于连接被控器件的引脚：公共端、常闭端、常开端。公共端常用来接在强电的输出端上，如 220V 的火线。当线圈两端没有接入控制电压时，常闭端与公共端相连，常开端与公共端断开；当线圈两端接入控制电压时，常闭端与公共端断开，常开端与公共端相连。

继电器模块如图 8-1-11 所示，各个部分功能如下。

图 8-1-11　继电器模块

输入接口：用于连接主控核心板。其中，VCC 与核心板的 VCC 相连，GND 与核心板的 GND 相连，IN 与核心板的 IO 相连。

电源指示灯：当该模块供电正常时，指示灯亮起。

继电器：此处使用的继电器驱动的工作电压为 5V，能够最大控制交流 250V、10A，可以用于控制额定电压、电流不超过上述额定值的用电设备。

输出接口：继电器的控制输出接口，相当于电灯的开关部分。

光耦隔离芯片：用于实现控制电路与受控电路之间的强电、弱电隔离。

光耦隔离以光为媒介实现电信号的耦合与传递，输入与输出在电气上完全隔离，具有抗干扰性能强的特点。

学生资讯补充：

对学生的要求	1．了解小制作智能灯的几种传感器的功能； 2．了解小制作的核心板的基础知识
参考资料	

 项目实施单

学习任务名称	安装智能灯光控制电路		学时	2
序号	实施的具体步骤	注意事项	自评	
1	准备好项目所需的工具及设备			
2	连接电路方框图			
3	连接硬件			
4	下载程序			
5	调试功能			

任务　安装智能灯光控制电路

1．准备好项目所需的工具及设备

光敏传感器模块、人体红外传感器模块、核心板、底座、继电器模块、杜邦线。

2．连接电路方框图

电路方框图如图 8-1-12 所示。

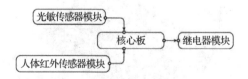

图 8-1-12　电路方框图

3．连接硬件

（1）将核心板与底座相连，如图 8-1-13 所示。

将核心板插入底座，引脚要对应，不要插歪或错位。因为本实验不需要进行无线连接，所以不需要安装天线。在安装的过程中，我们要注意安全，不要让元件的引脚等伤到自己。

（2）安装光敏传感器模块，并将其连接到实验主板上的核心板上，接线图如图 8-1-14 所示。

光敏传感器模块有 4 个引脚，这里只用了其中的 3 个，分别为 VCC、GND、DO。这里没有使用模拟输出口，暂时不用连接。将光敏传感器模块插入底座最左边的排座，旁边的排针引脚与对应位置的排座在底座上是相连的，用杜邦线将光敏传感器模块与实验主板上的核心板的 IO、VCC、GND 相连。其中，VCC 接 3.3V，DO 接 P05。接好线之后，光敏传感器模块与实验主板上的核心板连接完成。

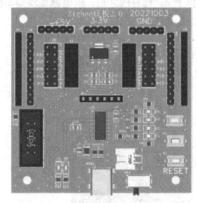

底座　　　　　　　　　　　核心板　　　　　　　将核心板插入底座

图 8-1-13　核心板与底座的连接图

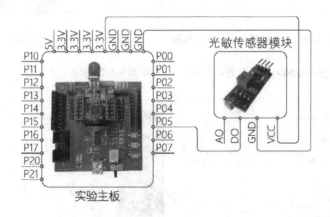

图 8-1-14　将光敏传感器模块连接到实验主板上的核心板的接线图

（3）将人体红外传感器模块连接到实验主板上的核心板上，连接图如图 8-1-15 所示。

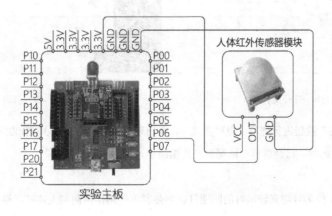

图 8-1-15　人体红外传感器模块与实验主板上的核心板的连接图

人体红外传感器模块有 3 个引脚，分别为 VCC、OUT、GND。因为人体红外传感器模块较大，所以直接将杜邦线的一头插到人体红外传感器模块上，另一头插到底座对应的端口上，VCC 接 5V、OUT 接 P06。接好线之后，人体红外传感器模块与实验主板上的核心板连接完成。

（4）将继电器模块接线到实验主板上的核心板上，接线图如图 8-1-16 所示。

继电器模块有 3 个引脚，分别为 VCC、GND、IN。因为继电器模块体积较大，所以直接将杜邦线的一头与继电器模块的 3 个引脚相连，另一头与底座对应的端口相连，VCC 接 5V，IN 接 P04。接好线之后，继电器模块与实验主板上的核心板连接完成。

4. 下载程序

先将 CC Debugger 连接到实验主板上，再连接到计算机上。图 8-1-17 所示为 CC Debugger 的连接图。

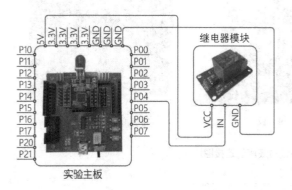

图 8-1-16　继电器模块与实验主板上的核心板上的接线图　　　图 8-1-17　CC Debugger 的连接图

打开 SmartRF Flash Programmer，打开文件，如图 8-1-18 和图 8-1-19 所示。

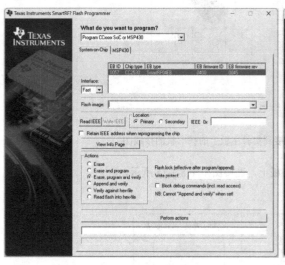
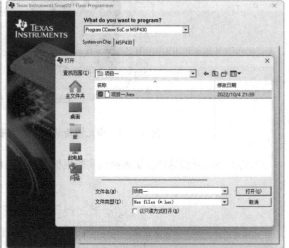

图 8-1-18　打开文件 1　　　　　　　　　　图 8-1-19　打开文件 2

单击"Perform actions"按钮进行烧写。烧写完成后，会出现提示文字"CC2530-ID0058: Erase, program and verify OK"，进度条到最右侧。此时，已经将程序烧写到芯片里面了，如图 8-1-20 所示。

5. 调试功能

使用一个 LED 灯 D1 作为环境光较暗时的照明灯。当热释电传感器检测到人体时，继电器会闭合，代表亮起另一盏灯增加亮度。

（1）用手或黑色物体将光敏电阻遮住，此时底座上的 LED 灯 D1 亮起。调整光敏传感器模块上的可变电阻器，可以调整光敏传感器模块对环境光检测的灵敏度，将该电阻调整到一个合适的值。

（2）当热释电传感器检测到人体时，继电器会闭合。调整人体红外传感器模块上的感应距离调整电阻，将检测距离调整到一个合适的值，调整时间调整电阻，将延时使时间调整到每触发一次，继电器闭合 5s。

6. 能力扩展

有能力的同学可以自行修改程序，实现以下功能。

（1）在安全的前提下，通过继电器控制一盏灯。

（2）修改程序，将 LED 灯 D1 用 PWM 方式驱动。在环境光较暗，并且热释电传感器未检测到人体时，使 LED 灯 D1 变暗，当热释电传感器检测到人体时，使 LED 灯 D1 变亮。

（3）修改程序，当热释电传感器每次检测到人体时，使继电器闭合 30s 或更长的时间。

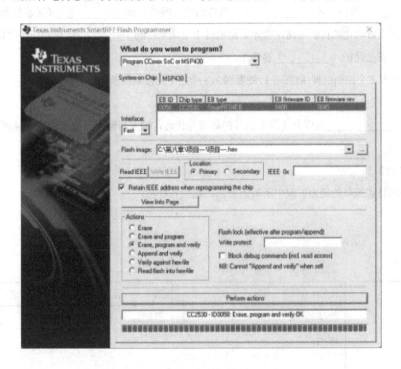

图 8-1-20　烧写完成

实施评价	班别：		第　　　组		组长签名：
	教师签字：		日期：		
	评语：				

项目评价单

学习任务名称		安装智能灯光控制电路			
序号	评价项目	评价子项目	学生/小组自评	组长/组间互评	教师评价
1	项目资讯（20 分）	资讯效果			

2	项目实施（60分）	准备好项目所需的工具及设备			
3		连接电路方框图			
4		连接硬件			
5		下载程序			
6		调试功能			
7	知识测评（20分）				
总分					

知识测评

一、填空题（每空 1 分，共 10 分）

1. 继电器是_____器件，具有_____（又被称为输入回路）和_____（又被称为输出回路）之间的互动关系，通常应用于自动化的控制电路，实际上是通过小电流来控制_____运作的一种"自动开关"，在电路中起着_____、安全保护、_____等作用。

2. 常用的继电器有 2 个控制引脚：线圈端 1、线圈端 2，3 个用于连接被控器件的引脚_____、_____、_____。

3. 光耦隔离以_____为媒介实现电信号的耦合与传递，输入与输出在电气上完全隔离，具有抗干扰性能强的特点。

二、想想办法（10 分）

根据本项目的项目实施单的能力扩展中所写的要求，绘制拓扑图。

评价	班别：		第　　组	组长签名：
	教师签字：		日期：	
	评语：			

8.2　物联网技术在智慧养护领域的应用

在养老领域，物联网可以为老人提供更高品质的服务，如智能定位、智能求助、健康监测、夜间睡眠分析等。

8.2.1　智慧养护系统

智慧养护通过物联网、AI、大数据、传感器等新一代信息技术来构建智慧化的养护环境。养护服务的智慧化可以提升养护服务的质量、效率和水平。

1. 智慧养护系统的架构

智慧养护系统采用常规的感知层、网络层、应用层 3 层架构，如图 8-2-1 所示。

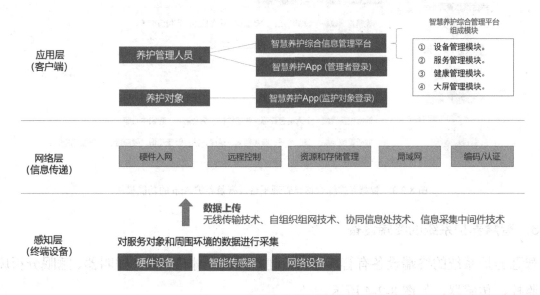

图 8-2-1　智慧养护系统的架构

2. 智慧养护系统的功能模块

智慧养护系统主要由智慧养护综合信息管理平台、智慧养护 App、相关的终端设备等功能模块组成。智慧养护综合信息管理平台主要由设备管理模块、服务管理模块、健康管理模块、大屏管理模块组成，如图 8-2-2 所示。

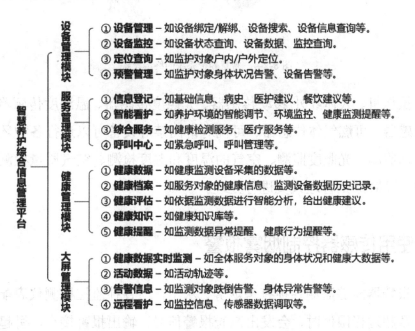

图 8-2-2　智慧养护综合信息管理平台的功能模块

智慧养护 App 主要由设备管理模块、养护管理模块、健康服务模块、健康管理模块组成。智慧养护综合信息管理平台及智慧养护 App 的功能模块如图 8-2-3 所示。

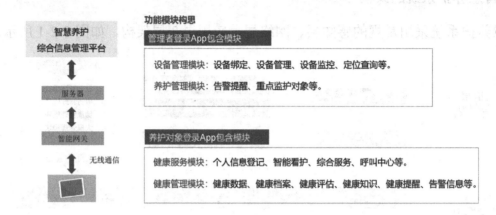

图 8-2-3　智慧养护综合信息管理平台及智慧养护 App 的功能模块

3. 智慧养护系统的终端设备

智慧养护系统的终端设备有智能手环、健康监测一体机、床头呼叫器、睡眠分析床垫、环境监控、传感器，如图 8-2-4 所示。

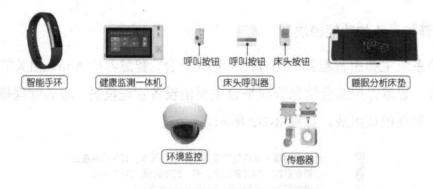

图 8-2-4　智慧养护系统的终端设备

使用红外摄像机、人体红外/移动传感器、光照度传感器、温湿度传感器、空气质量传感器、烟雾传感器、可燃气体传感器、可视对讲门禁等设备可以进行各种环境监测，如夜间监控、人移动监测、光照度监测、空气的温度和湿度检测、空气质量检测等。当环境出现异常情况时，及时通知管理人员进行处理。

8.2.2　使用传感器控制烟雾报警

智能烟雾报警器能够监测各种有害烟雾、灰尘，与各种监控检测仪表配合使用，当生产过程中的参数超过极限值时，会发出声光报警信号，输出报警接点，引起操作人员的注意并采取措施。

1．烟雾报警器的工作原理

在众多的气体检测传感器中，目前用得非常多的是烟雾传感器。烟雾报警器的工作方式如图 8-2-5 所示。

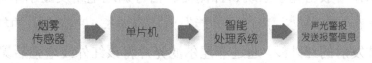

图 8-2-5　烟雾报警器的工作方式

气敏式烟雾传感器的型号主要有 MQ-2、MQ-3 等。该传感器常用于家庭和工厂的气体泄漏装置，适用于检测液化气、丁烷、丙烷、甲烷、酒精、氢气、烟雾等。

MQ-2 气体传感器使用的气敏材料是在清洁空气中电导率较低的二氧化锡（SnO_2）。当 MQ-2 气体传感器所处环境存在可燃气体时，其电导率随可燃气体浓度的增加而增大。使用简单的电路即可将电导率转换为与可燃气体浓度相对应的输出信号。

2．气体传感器的介绍

半导体型气敏传感器按照半导体变化的物理特性分为电阻式气体传感器和非电阻式气体传感器。

电阻式气体传感器多用于检测可燃气体、酒精、氧气。

非电阻式气体传感器多用于检测硫醇、氢气、一氧化碳、酒精、硫化氢等。

图 8-2-6 所示为 MQ-3 气体传感器正面、背面的示意图。

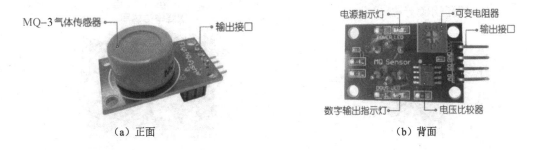

（a）正面　　　　　　　　　　　　　　（b）背面

图 8-2-6　MQ-3 气体传感器正面、背面的示意图

当气体传感器检测到所处环境的气体含量超标时，会将信号发送到智能处理系统中，该系统会发出声光报警，并且将报警信息发给管理人员，能及时提醒管理人员采取措施来排除火灾或天然气泄漏等险情。

8.2.3　人体红外线感知技术

人体红外线感知技术可以感知人体活动，实现人来灯亮、人走灯灭等功能。人体红外

245

线监控隐蔽性能良好，在防盗、警戒灯等安保装置中广泛应用。

1. 人体红外传感器的工作原理

人体红外传感器一般由光学系统、探测器、信号调理电路及显示单元等组成。

人的体温一般在37℃左右，所以人体能发射特定波长10μm左右的红外线。人体红外传感器检测到人体发射的红外线，通过菲涅尔滤光片将该红外线增强后聚集到热释电元件上，产生电信号，并传输到后面的电路进行处理。

优点：本身不发射任何类型的辐射，器件功耗很小，隐蔽性好。

缺点：①容易受到各种热源、光源的干扰，如当环境温度和人体温度接近时，探测的灵敏度会下降，甚至会短暂失灵；②红外线是直线传播的，当探测头被物体遮挡时，探测头会接收不到信号。所以，一般要求人体红外传感器只能安装在室内。

2. 人体红外传感器模块

常用的人体红外传感器模块由热释电传感器和菲涅尔滤光片组成。这种模块与人体的敏感程度和运动方向有很大关系，对径向移动的反应最不敏感，而对横切方向（与半径垂直的方向）移动的反应最敏感。

以为SR-501例，如图8-2-7所示的人体红外传感器模块的正面，白色部分为菲涅尔滤光片，红外线通过该光片增强后聚集到热释电元件上。图8-2-8所示为移除菲涅尔滤光片后的电路板，中间部分是热释电传感器。

图 8-2-7　人体红外传感器模块的正面　　　　图 8-2-8　移除菲涅尔滤光片后的电路板

图8-2-9所示为人体红外传感器模块的外围电路。

处理芯片：负责处理从热释电元件收集的信号。

感应距离调整电阻：可以调节感应距离。

时间调整电阻：可以调整感应到人体后输出高电平的时间。

热释电传感器：图8-2-9给出的是该传感器的引脚。热释电传感器从正面插入，焊接在该引脚上。

输出接口：包括 VCC 和 GND，中间引脚是信号输出，要接到核心板的对应的 IO 上。

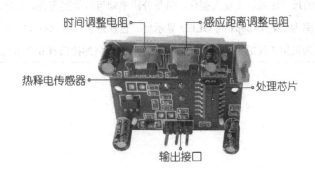

图 8-2-9　人体红外传感器模块的外围电路

项目 19　制作智能风扇

 项目资讯单

学习任务名称	制作智能风扇	学时	1
搜集资讯的方式	资料查询、现场考察、网上搜索		

中国制造：从大国重器到智能科技

作为推动国家经济发展和国防安全的基础性、战略性产业，我国的装备制造业在改革开放 40 多年来，特别是党的十八大以来取得了飞速发展，正从制造业大国向制造业强国转变。

"深海勇士"是我国第二台深海载人潜水器，能下潜几千米深的海底，多次体验深海探索的奇妙旅程。我国第三代国产骨科手术机器人，在 2018 年是世界上唯一能够开展四肢、骨盆骨折及脊柱全节段手术的骨科机器人。从 500m 口径球面射电望远镜到全屋的智能家居，无不意味着制造业朝着智能科技发展。

OLED 介绍

OLED（Organic Light Emitting Diode，有机发光二极管）由于同时具有自发光、不需要搭配背光源、对比度高、厚度薄、视角广、反应速度快、可用于挠曲性面板、使用温度范围广、构造及制程较简单等优异的特性，因此被认为是下一代的平面显示器新兴应用技术。OLED 模块如图 8-2-10 所示。

图 8-2-10　OLED 模块

247

OLED 不需要搭配背光源，因为其是自发光的。同样的显示内容，OLED 的显示效果要比 LCD 的显示效果好一些。以目前的技术，OLED 的尺寸还难以实现大型化，但是分辨率却可以做到很高。在此，我们使用尺寸为 0.96 寸，驱动 IC 为 SSD 1306，分辨率为 128px×64px 的 OLED 显示屏。也就是说，横向有 128 个点，纵向有 64 个点，这些点可以组成文字、图案。因为采用 3 线的串行 SPI 接口方式，所以模块的接口有 6 个引脚。

学生资讯补充：

对学生的要求	1. 了解 OLED 的功能； 2. 了解温湿度传感器、热释电传感器、继电器等在产品中的应用
参考资料	

 ## 项目实施单

学习任务名称	制作智能风扇		学时	3
序号	实施的具体步骤	注意事项	自评	
1	准备好项目所需工具及设备			
2	连接电路方框图			
3	连接硬件			
4	下载程序			
5	调试功能			

任务 制作智能风扇

1. 准备好项目所需工具及设备

温湿度传感器模块、人体红外传感器模块、核心板、底座、继电器模块（或电机模块）、杜邦线。

2. 连接电路方框图

电路方框图如图 8-2-11 所示。

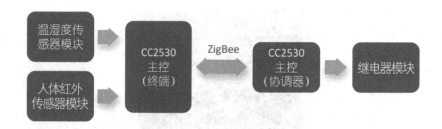

图 8-2-11 电路方框图

3. 连接硬件

（1）将核心板与底座相连（特别注意，本次实验每个小组有两个核心板和底座）。

将核心板插入底座，引脚要对应，不要插歪或错位。本项目需要连接无线网络，所以需要安装天线。在安装天线的过程中，我们要注意安全，不要让元件的引脚等伤到自己。核心板与底座的连接图如 8-2-12 所示。

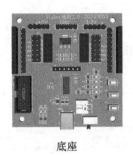  

底座 核心板 将核心板插到底座上并安装天线

图 8-2-12 核心板与底座的连接图

（2）将人体红外传感器模块连接到实验主板上的核心板上，连接图如图 8-2-13 所示。

人体红外传感器模块有 3 个引脚，分别为 VCC、OUT、GND。因为人体红外传感器模块比较大，所以直接将杜邦线的一头插到人体红外传感器模块上，另一头与底座对应的端口相连。其中，VCC 接 5V、OUT 接 P06。接好线之后，人体红外传感器模块与实验主板上的核心板连接完成。

（3）将温湿度传感器模块连接到实验主板上的核心板上，连接图如图 8-2-14 所示。

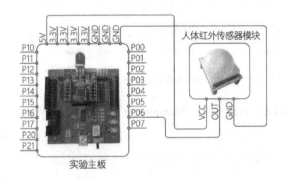 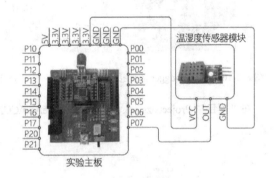

图 8-2-13 人体红外传感器模块与实验主板上的核心板的连接图　　图 8-2-14 温湿度传感器实验主板上的核心板的连接图

温湿度传感器模块 DH11 有 3 个引脚，分别为 VCC、GND、OUT。将光敏传感器模块插到底座最右边的排座上。旁边的排针引脚与对应位置的排座在底座上是相连的。用杜邦线将光敏传感器模块与实验主板上的核心板的 IO、VCC、GND 相连。其中，VCC 接 3.3V，OUT 接 P07。接好线之后，光敏传感器模块与实验主板上的核心板连接完成。

（4）将继电器模块连接到实验主板上的核心板上，连接图如图 8-2-15 所示。（需要注意的是，本次实验要将继电器模块插到另外一个核心板及底座上）

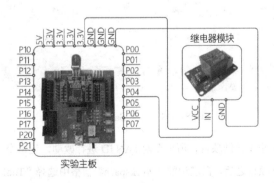

图 8-2-15 继电器模块与实验主板上的核心板的连线图

继电器模块有 3 个引脚，分别为 VCC、GND、IN。因为继电器模块体积较大，所以将杜邦线的一头与继电器模块的 3 个引脚相连，另一头与底座对应的端口相连。其中，VCC 接 5V，IN 接 P04。接好线之后，继电器模块与实验主板上的核心板连接完成。

4．下载程序

先将 CC Debugger 连接到底座上，再连接到计算机上，连接图如图 8-2-16 所示。

打开 IAR Embedded Workbench，如图 8-2-17 所示。

图 8-2-16　CC Debugger 的连接图

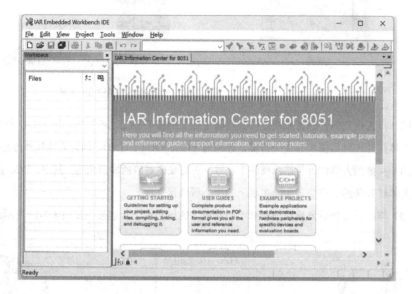

图 8-2-17　打开 IAR Embedded Workbench

在"项目二\Projects\zstack\Samples\SampleApp\CC2530DB"目录下打开"SampleApp"，如图 8-2-18 所示。

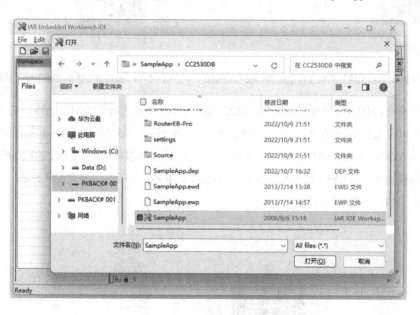

图 8-2-18　打开 SampleApp

因为在同一间教室内有多个小组在做项目，所以要对 PAN ID 进行改动，让每个小组的 PAN ID 都不一样，以免不同小组的设备互相干扰。打开项目之后，在左边的"Workspace"窗格中选择"Tools"下的"f8wConfig.cfg"选项，在右边的窗口中打开该文件，找到"-DZDAPP_CONFIG_PAN_ID=0xFFF1"，修改"0xFFF1"的后 4 位，建议将第 1

组修改为“0xFFF1”，第 2 组修改为“0xFFF2”，第 3 组修改为“0xFFF3”，以此类推，如图 8-2-19 所示。

```
/* Define the default PAN ID.
 *
 * Setting this to a value other than 0xFFFF causes
 * ZDO_COORD to use this value as its PAN ID and
 * Routers and end devices to join PAN with this ID
 */
-DZDAPP_CONFIG_PAN_ID=0xFFF1

/* Minimum number of milliseconds to hold off the start of the device
 * in the network and the minimum delay between joining cycles.
 */
```

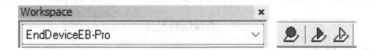

图 8-2-19　修改 PAN ID

选择要烧写的设备类型。将连接各种传感器的 CC2530 模组作为终端设备，所以要在“Workspace”窗格中选择“EndDeviceEB-Pro”选项，按快捷键“Ctrl+D”或单击“烧写”按钮，将程序下载到 CC2530 模组中。烧写完后，将该设备放置一旁备用。图 8-2-20 所示为烧写 EndDeviceEB-Pro。

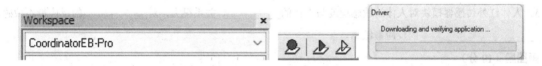

图 8-2-20　烧写 EndDeviceEB-Pro

烧写完终端设备后，要烧写一个协调器。在“Workspace”窗格中选择“CoordinatorEB-Pro”选项，单击“烧写”按钮，将程序下载到 CC2530 模组中。图 8-2-21 所示为烧写 CoordinatorEB-Pro。

图 8-2-21　烧写 CoordinatorEB-Pro

5．调试功能

烧写完两个设备后，将这两个设备分别接上电源。通电后，两个设备会自动连接。

使用电吹风或其他加热设备，让 DHT11 温湿度传感器附近的局部温度升至 30℃，用手在热释电传感器前晃动，模拟有人经过。此时，能够观察到在终端设备的 OLED 显示屏上显示“欢迎光临”，继电器闭合或电机转动，协调器的 OLED 显示屏上显示“风扇转动”。

当温度低于 30℃或 30s 内检测不到人体时，继电器断开或电机停止转动，协调器的 OLED 显示屏熄灭，终端设备的 OLED 显示屏熄灭。

<table>
<tr><td rowspan="3">实施评价</td><td>班别：</td><td>第　　组</td><td>组长签名：</td></tr>
<tr><td>教师签字：</td><td colspan="2">日期：</td></tr>
<tr><td colspan="3">评语：</td></tr>
</table>

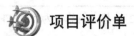 项目评价单

学习任务名称		制作智能风扇			
序号	评价项目	评价子项目	学生/小组自评	组长/组间互评	教师评价
1	项目资讯（20分）	资讯效果			
2		准备好项目所需工具及设备			
3		连接电路方框图			
4	项目实施（60分）	连接硬件			
5		下载程序			
		调试功能			
7	知识测评（20分）				
总分					

知识测评

一、填空题（每空 1 分，共 10 分）

1．OLED 由于同时具有_____、_____、对比度高、_____、视角广、反应速度快、可以用于挠曲性面板、使用温度范围广、构造及制程较简单等优异的特性，因此被认为是下一代的平面显示器新兴应用技术。

2．人体红外传感器_____辐射，器件功耗_____，隐蔽性好，但是容易受各种_____、_____干扰。

3．人体红外传感器模块对人体的敏感程度与人体的_____关系很大，对_____的反应最不敏感，而对_____的反应最敏感。

二、画图题（10 分）

设计一个智能风扇：当温度高于 28℃，并且有人经过时，风扇自动打开；当人离开 5s 时，风扇自动关闭。使用温度传感器、热释电传感器，以及电机模块模拟风扇，画出方框图。

	班别：	第　　　组	组长签名：
评价	教师签字：	日期：	
	评语：		

8.3 搭建智能家居应用情景

8.3.1 智能家居系统

智能家居主要利用日益发展的智能硬件技术、网络通信技术、自动化控制技术、智能信息处理技术、云技术、大数据技术、AI 技术等，将家中的物体智能化，使人类居住环境具有舒适性、便利性、安全性和节能环保性等特征，从而提升人类居住环境的质量。

智能家居系统通常由智能家居安防报警系统、电器控制系统、智能门窗系统、AI 系统、影音控制系统、环境控制系统、智能照明系统、场景控制系统组成，如图 8-3-1 所示。

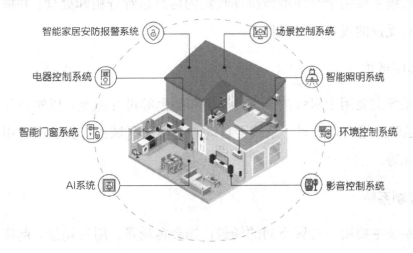

图 8-3-1　智能家居系统

1. 智能家居安防报警系统

智能家居安防报警系统主要负责安防方面的工作，对各种传感器采集的信号、摄像头采集的视频信号进行分析，并根据分析结果执行相应的动作。例如，触发报警、关闭各种阀门、视频监控全屋、监控门窗等。

2. 电器控制系统

电器控制系统主要用于对各种电器设备进行控制。例如，让扫地机器人、拖地机器人定时进行家居清洁。同时，用户通过手机或其他移动设备可以远程控制家中的联网设备，实现控制灯、热水器、窗帘等设备，以达到节能的目的等。

3. 智能门窗系统

智能门窗系统主要用于对门窗及相关设备进行控制，包括对门窗的打开和闭合情况进行检测，以及对窗帘、门帘进行控制。当用户起床时，自动把窗帘拉开；当夜晚或用户外出时，自动把窗帘关闭。

4. AI系统

AI系统主要用于对智能音箱收集的语音信息、各种传感器收集的环境信息等进行处理。例如，通过语音控制全屋的灯、空调、窗帘等。

5. 影音控制系统

影音控制系统主要用于对电视、投影仪、家庭音响等设备进行智能控制。

6. 环境控制系统

环境控制系统主要用于对环境传感器收集的信息进行分析和处理，并根据分析的结果及客户的设置对受控的设备进行操作。

7. 智能照明系统

智能照明系统主要用于对灯的开关、亮度和颜色等进行控制，以实现各种场景的照明需求。例如，当晚上用户走过时，系统会自动点亮相关区域的灯光，或者用户在夜间起床时自动亮起灯光等。

8. 场景控制系统

场景控制系统主要用于设置不同的场景，如会客场景、用餐场景、起床场景、回家场景、离家场景、晚安场景。设置好场景后，可以实现一键切换场景或自动切换场景，从而减少一些烦琐的调节。

会客场景：拉开窗帘，根据环境光照情况将灯光调整到合适的亮度，播放轻松的背景音乐，并调整到较低的音量。

用餐场景：根据用户的习惯拉开或关闭窗帘，将灯光调整到较为明亮的亮度，播放适合用餐时听的背景音乐。

起床场景：拉开窗帘，播放节奏轻快的背景音乐，让用户的心情得到放松，迎接新的一天。

回家场景：通过智能门锁对回家的主人进行识别。门开后，智能音箱传出问候的声音，亮起玄关灯，拉开客厅的窗帘等。

离家场景：关闭窗帘、灯及不必要的设备的电源，打开防盗设备、开启监控等。

晚安场景：一键进入晚安模式，自动熄灭灯、自动关闭窗帘，空调等设备进入工作状态。

8.3.2　智能家居安防报警系统

智能家居系统中的智能家居安防报警系统如图 8-3-2 所示。

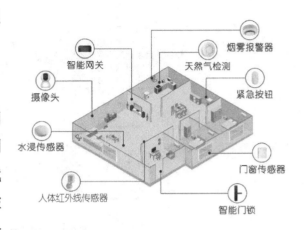

图 8-3-2　智能家居系统中的智能家居安防报警系统

1. 智能家居安防报警系统的概念

智能家居安防报警系统是集信息技术、网络技术、传感器技术、无线电技术、模糊控制技术等多种技术于一体的综合应用，利用现代的宽带信息网络和无线电网络平台，将家电控制、家庭环境控制、家庭监视监测、家庭安全防范、家庭信息交流服务构成一体。

智能家居安防系统采用物理方法或电子技术，自动探测发生在布防监测区域内的侵入行为，产生报警信号，并提示相关人员发生报警的位置，显示可能采取的对策。

2. 智能家居安防报警系统的分类

智能家居安防报警系统可以分为有线报警系统和无线报警系统。

有线报警系统：传感器和报警主机之间采用有线传输的方式，适用于被警戒的现场与报警主机距离不太远，或者对稳定性要求较高的场所。一般，应在建筑房屋时需要预先考虑安装线路的铺设。

无线报警系统：传感器和报警主机之间采用无线通信的方式将信号连通，即借助空间电磁波来传输信号。无线报警系统特别适用于点位较多，现场分布较分散、较远或不便架设传输线的场所。由于无线报警系统灵活，因此不需要提前布线，特别适用于家庭安装。

3. 智能家居安防报警系统的组成

智能家居安防报警系统通常由报警控制器、报警传感器和传输通道 3 部分构成。

报警控制器是智能家居安防报警系统的"大脑"部分，处理传感器的信号，并且通过键盘等设备提供撤防操作来控制报警系统。在报警时可以提供声/光提示，还可以通过电话线将警情传送至报警中心。

报警传感器由信号处理和传感器组成，用于探测入侵者的非法或攻击行为。由电子和机械部件组成的装置，是防盗报警主机的关键；传感器是报警传感器的核心元件。采用不同原理的传感器可以构成不同种类、不同用途、达到不同探测目的的报警探测装置。图 8-3-3 所示为智能家居安防报警系统的组成。

传输通道是信息传送的道路，通常由光纤网络、4G、5G、WiFi 等组成。

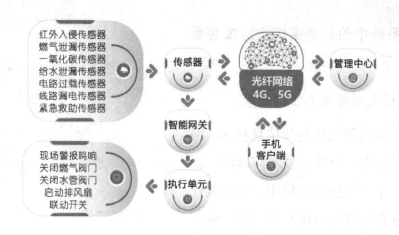

图 8-3-3　智能家居安防报警系统的组成

4. 搭建智能家居安防报警系统

智能家居系统需要所有设备联网，WiFi 是一种常见的连接方式。但是，不是所有设备都适合用 WiFi 进行连接，还需要一些其他连接方式，以解决 WiFi 互相干扰、设备低功耗、设备足控等问题或需求。蓝牙、ZigBee 是常用的两种连接方式。

搭建智能家居安防报警系统可选用的设备如图 8-3-4 所示。

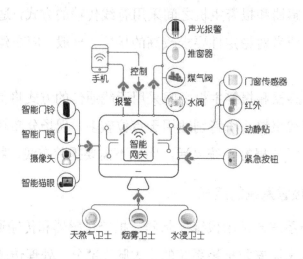

图 8-3-4　搭建智能家居安防报警系统可选用的设备

（1）智能门铃：它是一种非常实用的安防设备。当有人来访但家里没有人、快递外卖送到、有陌生人在门前逗留等情况时，智能门铃不仅可以及时提醒用户，还可以自动录像。

（2）智能门锁：通常除了具有指纹开锁、密码开锁、RFID 卡开门等门锁的功能，还可以与智能网关相连，实现进门自动感应、一键布防，联动家中的智能设备以实现智能模式等功能。

（3）摄像头：主要用于监控录像，如果发生异常情况，则实时将报警信号传送到用户的手机上，并且支持翻查录像，以寻找原因。

（4）天然气卫士、烟雾卫士、水浸卫士：能够监控家里出现的安全的隐患，如天然气泄漏、火灾引起的烟雾、因忘记关闭水龙头而导致的水浸等情况。

（5）紧急按钮：安装在床边、厕所及容易接触到的地方的设备，当遇到紧急情况时，可以触发按钮请求救援的设备，特别适合有老人和孩子的家庭使用。紧急按钮可以采用有线方式或无线方式（如 WiFi、蓝牙、4G 等）接入智能家居安防报警系统。

（6）门窗传感器：主要安装在窗户、阳台等地方，通过检测门窗的异常开合来判断是否有人通过窗户或阳台等地方非法入侵。红外线热释电传感器、红外对射管等，利用红外线检测技术等来检测是否有人非法入侵。

项目 20　设计智慧家庭方案

 项目资讯单

学习任务名称	设计智慧家庭方案	学时	1
搜集资讯的方式	资料查询、现场考察、网上搜索		

我国智能家居发展情况

我国有很雄厚的制造业的基础，智能家居在此基础上发展得非常快。我国智能家居行业发展趋势主要有全屋智能、语音交互等方面。

全屋智能是我国智能家居行业发展的一大趋势。调查显示，我国全屋智能市场在产品、技术和服务能力上都呈现快速发展的态势，智能家居赛道各领域头部企业纷纷入局全屋智能化市场。目前，常见的智能家居品牌有米家、U-home、美的美居、华为全屋智能、天猫精灵、小度等。

语音交互是我国智能家居行业发展的另一大趋势。目前，小米、百度、阿里等企业均已通过以搭载语音助手的智能音箱作为中枢的语音控制体系，实现智能家居产品的语音控制。

认识一些智能家居品牌

米家（MIJIA）是小米旗下智能家庭品牌，由小米公司创始人雷军于 2016 年 3 月 29 日在北京发布。在雷军发布米家品牌后，小米智能家庭类产品全面启用了米家品牌。做生活中的艺术品是米家品牌的产品理念，旨在为消费者带来集可靠品质、优良设计、合理定价于一身的智能家居产品。

U-home 是海尔集团在信息化时代推出的一个重要业务单元。它以 U-home 系统为平台，采用有线网络与无线网络相结合的方式，把所有设备通过信息传感设备与网络相连，从而实现"家庭小网""社区中网""世界大网"的物物互联，并通过物联网实现 3C 产品、智能家居系统、安防系统等的智能化识别、管理及数字媒体信息的共享。海尔智能家居用户可以在世界的任何角落、任何时间通过打电话、发短信、上网等方式与家中的电器设备互动。

美的美居是美的集团智慧生活服务平台 App，可以连接美的旗下所有品牌、加入生态链的智能家电和智能设备。美的美居推出了覆盖全品类的智慧场景，打造安全、健康、便捷、个性的家四大特色智能场景，满足用户远程控制家电设备、建设个性化智能场景、获取智能食谱和售后服务等功能。

我国还有许多智能家居的品牌，如华为全屋智能、天猫精灵等，读者可以上网了解。

学生资讯补充：

对学生的要求	了解智能家居的各种品牌及相关产品
参考资料	

 项目实施单

学习任务名称	设计智慧家庭方案		学时	2
序号	实施的具体步骤	注意事项	自评	
1	根据家庭平面图分析住宅的情况			
2	设计智能场景			
3	选用智能产品			

任务　使用我国企业的产品设计一个智慧家庭方案

图 8-3-5 所示为家庭平面图，要求使用我国企业的产品设计智慧家庭方案。

图 8-3-5　家庭平面图

1．根据家庭平面图分析住宅的情况

（1）厅有_____、_____。

（2）卧室有____个，可以分配成主人房、_____、_____。

（3）阳台_____。

（4）卫生间_____。

（5）厨房_____。

（6）窗户_____。

（7）大门_____。

2．设计智能场景

小组之间讨论，并设计好智能场景。

3．选用智能产品

根据设计的智能场景，选出各个区域需要使用的智能产品，并且将需要使用的智能产品标注在家庭平面图上。

区域	智能产品			
大门口	智能门锁			
客厅				

4．参考设计方案

智慧家庭参考设计方案如图 8-3-6 所示。

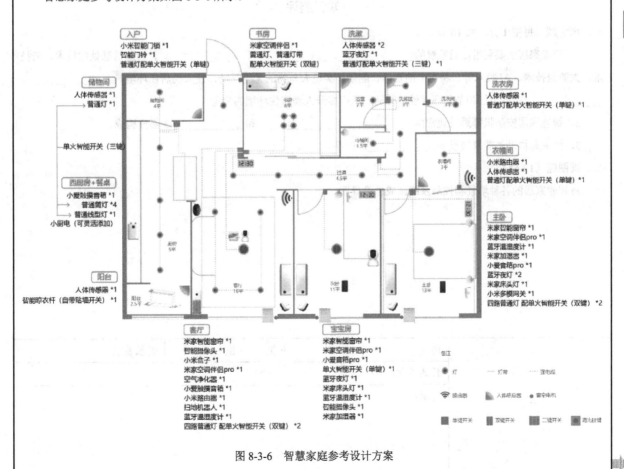

图 8-3-6　智慧家庭参考设计方案

实施评价	班别：	第　　组	组长签名：
	教师签字：	日期：	
	评语：		

🎯 项目评价单

学习任务名称		设计智慧家庭方案			
序号	评价项目	评价子项目	学生/小组自评	组长/组间互评	教师评价
1	项目资讯（20分）	资讯效果			
2	项目实施（60分）	根据家庭平面图分析住宅的情况			
3		设计智能场景			
4		选用智能产品			
5	知识测评（20分）				
	总分				

知识测评

一、填空题（每空1分，共10分）

1. 智能家居主要利用日益发展的_____、_____、_____、智能信息处理技术、云技术、大数据技术、AI技术等，将家中的物体智能化，实现人与物的无缝互动，使人类居住环境具有_____、_____、安全性和节能环保性等特征，从而提升人类居住环境的质量。

2. 智能家居安防报警系统通常由_____、_____和_____3部分构成。

3. 网关是协助智能家居设备_____的产品。

二、画图题（10分）

将智能家居的各种场景和控制系统画成思维导图。

评价	班别：	第　　组	组长签名：
	教师签字：	日期：	
	评语：		

反侵权盗版声明

　　电子工业出版社依法对本作品享有专有出版权。任何未经权利人书面许可，复制、销售或通过信息网络传播本作品的行为；歪曲、篡改、剽窃本作品的行为，均违反《中华人民共和国著作权法》，其行为人应承担相应的民事责任和行政责任，构成犯罪的，将被依法追究刑事责任。

　　为了维护市场秩序，保护权利人的合法权益，我社将依法查处和打击侵权盗版的单位和个人。欢迎社会各界人士积极举报侵权盗版行为，本社将奖励举报有功人员，并保证举报人的信息不被泄露。

举报电话：（010）88254396；（010）88258888

传　　真：（010）88254397

E-mail:　　dbqq@phei.com.cn

通信地址：北京市万寿路 173 信箱

　　　　　　电子工业出版社总编办公室

邮　　编：100036